有機農業・自然農法の技術

農業生物学者からの提言

明峯哲夫

企画・編集協力
有機農業技術会議

コモンズ

もくじ●有機農業・自然農法の技術

序章

有機農業、自然農法、そして「ただの農業」へ

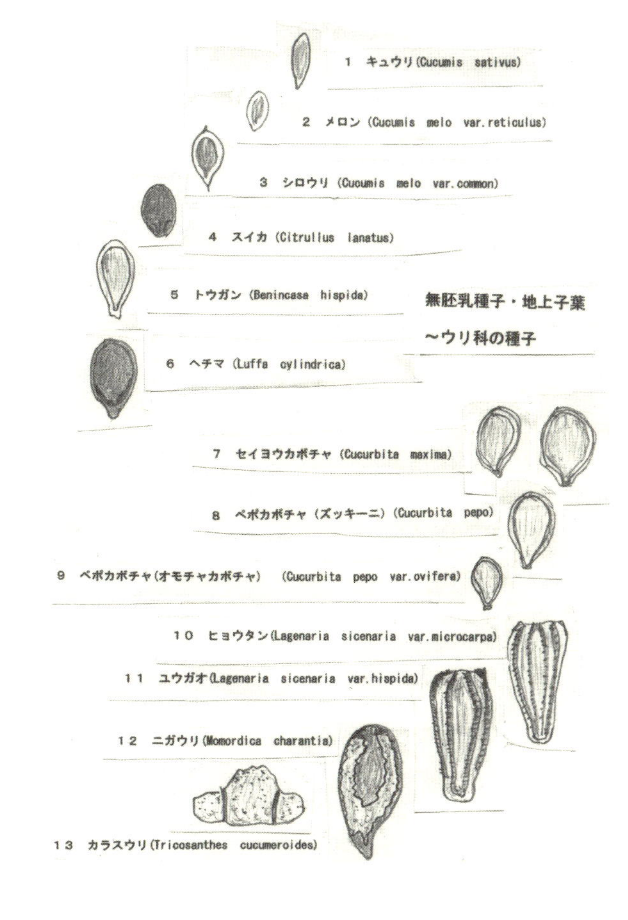

せっせと堆肥を投入し、土づくりに励む有機農業。

無施肥を基本として、何もしていないようにも見える自然農法。

両者は一見対照的ですが、農法の「原理」は共通と考えられる。その原理とは「有機物還元」。二つの農法の「戦略」は基本的には同じだが「戦術」が異なるというのが、ぼくの見方です。

作物の持続的生産を保障するのは土の力、すなわち「地力」だ。それは、主として土に還元された有機物が「腐植」として土の中に安定して存在し続けることによりもたらされる。

ぼくの理解によれば、外部からの資材投入を避け、農地内部の物質循環、生命循環に徹底して依拠しようとするのが自然農法。この農法では、地力の源となる有機物（バイオマス）は、その農地に成育している植物体（作物残渣・雑草など）に限定される。

それは、まず作物体だ。収穫部分以外の作物体はすべて、生産した農地に戻されるのが望ましい。もう一つは作物に随伴する雑草。雑草は農地外に除去されるべき邪魔物なのではなく、農地内部で“育て”て正しく農地に還元されるべきものであり、雑草はここでは地力を増進させる貴重なバイオマスとして位置づけられます。

また、耕せば土は好気的となり、土中の有機物は分解されやすくなる。土に還元された貴重な有機物を保全するため、耕すことは最低限にとどめなければなりません。こうして、無施肥・不耕起・無除草などを原則的な方向とする自然農法が成立する。

自然農法では、有機物はおもに土の表面に蓄積するので、土は表層から徐々に良くなっていく。ある時間に土に還元される有機物量は限りがあるので、土中の腐植が一定の値に到達し、農地が安定した生態系へと成熟していくまで時間が必要となる。この農法ではその間（移行期）の農業生産は低く抑えられるが、それはやむをえません。

一方、有機農業では、農地へ還元される有機物として農地内で生産された植物体だけではなく、農地外で生産された植物体をも活用しようと考えます。林地から落葉をさらい、草地から草を刈り、それを直接に、または堆肥化して、農地に投入する。この場合、家畜の存在は良質な堆肥をつくるうえで有効です。

こうして、有機農業は農地内部だけでなく、それを取り巻く林地や草地、家畜などを一体化させた物質循環に依拠するものになる。その結果、有機農業が農地に投入する有機物量は自然農法の場合と比較して、桁違いに多くなる。そのため、耕起による有機物の消耗は致命的とは考えず、また雑草還元も切実なものとは考えられていない。

したがって、有機農業では耕起や除草は必要に応じて実施されます。有機農業では投入した堆肥を機械力で土中に鋤き込むのが基本なので、耕土層は一気に良くなっていき、安定した系に到達するまでの時間は自然農法に比べて短く、移行期の生産性も高くなります。

日本の有機農業運動は1970年代初頭に始まりました。以来40年余を経て、当時からの先駆者たちの有機農業は、すでに成熟期を迎えている。長年にわたる堆肥投入による土づくりの結果、農地は安定した生態系となってきていると考えられる。土には、自らの状態を自らの力で維持する仕組み(内部循環)を完成させていく力がある。ここに至った有機農業は、もはや外部からの有機物投入にそれほど依存することのない「低投入型農業」へと脱皮してきていると言ってよいと思います。

「低投入型農業」を持続させるにも、「地力」維持の工夫が必要です。たとえば、農地のバイオマスを高く保つためには、作付けを時間的(輪作など)にも空間的(間作・混作など)にも多様化させること、草型の大きい作物を育てること、雑草もバイオマスであると考えること、耕起は最低限に抑えること、などです。

このような姿は、堆肥の力で野菜などの単作栽培を行う従来の一般的な有機農業とは異なり、限りなく「自然農法」に近いものと言えます。農業経営の面から言えば、穀物、普通作物、蔬菜類、果樹類、畜産などを交えた多品目、少量生産を目的とする複合経営が、それにもっともふさわしいものと言えるでしょう。

慣行農業から持続性のある「自然共生型農業」に転換する場合、まず「有機農業」に転換し、一定期間堆肥投入による土づくりに励み、成熟期を迎えてからは「自然農法的低投入型農業」へと展開していくのが、技術論的には無理のないスキームと考えられます。当初から堆肥等の投入量を抑制し、「自然農法的低投入型農業」を試みるのも実に示唆的で原則的なやり方だと思いますが、このやり方では生産が安定するまでかなりの時間がかかると覚悟する必要があるでしょう。

林地からの落葉の過剰な収奪は林地の地力を消耗させ、林地の持続性を損なう危険性もあることも考えなければなりません。かつて、江戸時代を通じて、日本列島での「自給的」農村が落葉、薪、柴、かやなどの資材について、周辺の里山利用を前提として営農を続けるとともに、各地の焼き物などの手工業に必要なアカマツなどの燃材を里山から供給することによって、明治初期には多くの「はげ山」が全国いたるところに散在したことも忘れてはいけません。

以上のように、成熟した有機農業は限りなく自然農法に近づく。そして、自然農法も時間をかけて充実安定していけば成熟した有機農業に近づいていることが観察されている。こうした段階に至れば、両者は期せずして、ともに「ただの農業」へと大きな進化を遂げようとしていると言ってよいと思います。

本書では、有機農業、自然農法の営みを上述したような「ただの農業」の成熟と展開へのプロセスと捉えて、そこで求められていくべき農法原理について、ぼくの専門である農業生物学の視点から精一杯の探索をしてみます。

（「秀明自然農法ブックレット」第1号（2014年5月31日）より転載。本文の末尾には、「この文章は『有機・自然共生型農業を考えるつどい』（山梨県甲府市、2012年10月17～18日）の分科会「多様な農法を考える」での話題提供に加筆したものです」と記されている）

解説

本書の著者・明峯哲夫(農業生物学研究室主宰・NPO法人有機農業技術会議理事長)は、2014年9月15日に急逝された。享年68歳だった。

明峯は、有機農業、自然農法技術についてのまとまった新著の刊行を意図し、逝去のほんの少し前の2014年5月31日から8月6日までの2カ月余の間に、5回にわたって密度濃い連続講演をした。おもな場となった「秀明自然農法農学セミナー」は、秀明自然農法ネットワークと有機農業技術会議の共同企画によって開催されている。しかし、明峯自身による本書の取りまとめの時間は病魔によって奪われてしまった。なんとも無念なことである。

本書は明峯から校訂を託された三浦和彦(有機農業技術会議副代表)と中島紀一(有機農業技術会議事務局長)が、その講演記録を明峯の遺志に添って、できるだけ忠実に再構成したものである。講演記録の整理には、篠原健児さん(秀明自然農法ネットワーク事務局)と飯塚里恵子さん(有機農業技術会議事務局)に多大なご尽力をいただいた。

講演会資料には明峯の自筆のスケッチなどが豊富に添えられていたが、紙面の都合で今回の出版ではほとんど収録できなかった。やむを得ないものの、心残りである。なお、講演は次のとおりである。

5月31日　秀明自然農法農学セミナー第1回　本書第1章に収録
6月30日　秀明自然農法農学セミナー第2回　本書第2章に収録
7月31日　秀明自然農法農学セミナー第3回　本書第3章に収録
8月 6日　秀明自然農法技術交流検討会 in せたな　本書第4章に収録
6月 7日　有機農業技術会議・有機農業技術原論研究会　本書第5章、鼎談に収録

明峯は、本書第5章に詳しく記されているように、若いころから農業生物学を志し、1970年代以降の日本の有機農業運動の展開のなかでは、一貫して在野の鋭い論客として発言し、論説を提起し続けてきた。しかし、その明峯が改めて有機農業技術論の体系的な構築を発意したのは、有機農業技術会議が企画・編集した『有機農業の技術と考え方』(中島紀一・金子美登・西村和

雄編著、コモンズ、2010年)に中心的執筆者として参画してからである。同書の刊行後、明峯の提案で同会議の研究部会として「有機農業技術原論研究会」(以下「原論研究会」)が発足し、回を重ねて現在までに17回の研究会が続けられてきた。詳しくは本書巻末の資料をご参照いただきたい。

この原論研究会での論議に、途中から秀明自然農法の実践農家が加わるようになる。そして、そこからの誘いがあり、2013年2月から有機農業技術会議として「秀明自然農法調査研究委員会」(メンバーは巻末資料に記載)を3年計画でスタートさせた。初年度は9戸の農家を選定し、分担して継続的な定点調査を実施。それをふまえて、委員会として「刈敷と自然堆肥の積極的な利用」という技術提案をし、2年目の2014年には実践農家を中心とした現地研究会の各地での開催に取り組んでいる。

「秀明自然農法農学セミナー」は、この委員会活動の一環として、自然農法の技術理論の整理と構築を意図して開催されるようになった。明峯による3回の講義は、その先陣をきるものである。

本書の随所で明峯が述べているように、「原論研究会」での秀明自然農法との出会いの意味は私たちにとって大きく、重いものだった。

『有機農業の技術と考え方』や「原論研究会」での当初の論議は、有機農業技術の到達点の現状把握から、「成熟期有機農業」というモデルを策定し、そのモデルの技術論的内容を「低投入・内部循環・自然共生の有機農業技術論」として整理するところから出発した。その探求論議の途中で秀明自然農法農家との出会いがあり、秀明自然農法が長年にわたって追求してきた技術論は、私たちの「低投入・内部循環・自然共生の有機農業技術論」とよく対応していることが分かってくる。

そして、秀明自然農法の無施肥を前提とする農法探求の意味と展開を、農業技術論として、そして農学論としても、しっかりと解明し整理していくという課題が私たちの前にあることが、明確な形で示されるようになった。本書は、この課題への明峯の最後の回答として構成されている。

なお、本序章は末尾にも記載してあるように、原型は2012年に執筆され、2013年末に、秀明自然農法農家の実態調査をふまえて加筆・修正されたものである。本書を詳しく読んでいけば明らかなように、この序章と第１～５章の論述内容には、微妙な違いがある。明峯の命が続いていれば、序章は第１～５章の内容に則して、別のものとして執筆されたにちがいない。しかしいま、残された私たちとしては、その論述の微妙な違いのなかから、逝去前数カ月間の明峯の渾身の模索の様子を知ることができる。明峯のこの最後の達成に、伴走者として心からの拍手を送りたい。

〈付記〉

著者・明峯哲夫は急逝の直前、明晰な意識が残っていた最後の時期に、本書で語ろうとしたことについて最後の口述を残している。本書への読者の理解を助けるために、その一部を次に採録しておきたい。

明峯哲夫　最後の口述（2014年8月29日）

これまでの日本の有機農業運動は、化学肥料や農薬を多投する農業の反省のうえに立って行われてきた、非常に優れた農業技術だと思われます。

ところが、現実の現在行われている有機農業を考えると、有機質肥料だけを与えれば、それを有機農業だとするような姿、それで作物は健康に育つのだというばかりの姿が見受けられます。すなわち、多肥農業、化学肥料でなくて有機質肥料なのだけれども、それを大量に農地に入れることによって、土地の生産性を高め、農業生産力を上げるという考え方に従っているわけです。

このような有機農業の現実の姿は、かつての化学肥料に依存する多肥農業と基本的には変わらないと考えることができます。

自然農法というのは、いろいろな考え方や流れがあって一言では表現できないのですけれども、そこでは、必ずしも施肥に依存しない、化学肥料はもちろんのこと有機質肥料も場合によっては投入しない、施肥に依存しない農業というようなことがいわゆる自然農法として、かなり共通性のある技術として行われている。

肥料を与えなくても作物は育つということは、旧来の農学、旧来の農業のイメージからすれば、ありえないということになるわけです。しかし、彼らの実際の姿を見ていると、もちろんそれがすべてうまくいっているわけではないし、肥料を入れないということが土の力や作物の力を損なっていくということは多々あるわけですが、時と場合によっては、植物は栄養をやらなくても育つという現実を目の当たりにすることができました。

これは、大げさに言えば、ある種のカルチャーショックだったと、ぼくは思っています。つまり、植物というのは、施肥が必要だということに凝り固まっている立場から言えば、必ずしもそうでもない、施肥しなくとも植物は育つという現実は、大きなカルチャーショックだと思います。

とはいえ、施肥をしないということは、やはり地力を損ねていく、地力の維持を困難にするということは、ぼくたちが想像するように問題になるわけですけれども、しかし、ある条件が満たされれば、施肥をしなくてもけっこう植物は育つ可能性がどうもあるという感触を得たことになるわけですね。

果たして植物は、肥料を与えなくても育つんだろうかということですね。

育つとすれば、それはどういう理屈なのか。おそらく、旧来の植物生理、あるいは、作物学、農学の既成概念を大きく壊すことになると思うんです。どういうことが起きているのかということの解明が、なされなければなりません。

これまでの農学、生物学、あるいは植物学は、植物に肥料を与えるということを前提にして、さまざまなことが行われてきましたので、肥料を与えないということは考えられなかったわけです。肥料を与えなくても育つかどうかなどという発想は、そもそも出てこなかった。そういう実験も満足に行われてこなかった。データもなかったと考えられます。まさに目からウロコの状態に、ぼくたちはいま直面しているということだと思います。

明峯による予備的言及(2007年)

本書で明峯が渾身の力を注いで解きほぐそうとしたこうした課題に関連して、実は明峯はすでに2007年に「低投入・安定型の栽培へ」(『有機農業研究年報Vol.7 有機農業の技術開発の課題』コモンズ、2007年)を書いており、この課題探求についておおよその見通しを示している。いま読み直してみて、実に示唆に富んでいるので、要点を再録しておきたい。

「長年の化学物質大量投与で病弊した畑地が、どのような方法で、どのようなプロセスを経て、熟畑に至るのか。そして、熟畑に達した段階では、投入される資材、エネルギー(人手も含めて)はどこまで下げられるのか。現場での実地に即した詳細な調査、研究が必要である」

「長い間慣行農法を実践してきた農地を有機農業に転換する場合、初期にはそれ相応の量の有機物を投入しなければならない。地力が絶対的に失われているからだ。しかし、5年、10年と堆肥投入を続け、適切な輪作を実施し続ければ、農地は熟畑化するはずだ。一定量の腐植が土壌中に蓄積し、それが地力となる。土壌の団粒化が促進され、通気性のよい、そして水はけがよく、しかも水もちのよい土壌となる。しかも、土壌微生物相は多様化し、各種微生物相の相互規制の網は複雑化する。特定の病原微生物だけが増殖する事態は抑制される。熟畑とは土壌が緩衝作用をもつようになった状態だ。緩衝作用とは、土壌自身の力で土壌の状態を一定の状態に維持できることである」

「植物に与える物量は、可能なかぎり少ないほうがよい。植物はそのような環境下では、自らの環境適応能力を最大限喚起し、手持ちのカードをフルに活用して、生き抜いていく。植物の成育の高い自立性こそ、健全な植物生産を保障する」

「植物の生き方には手数(カード)がたくさん準備されている。そして、与えられた環境にふさわしい生き方を、つまりその手数のなかから最良のものを選び取っていく。植物の形態や生理は与えられた環境に対応し、融通無碍に変化していく。与えられた環境に応じて、自らの姿をそれにふさわしいものへとしなやかに変身させていく能力。これを『環境応答能力』と呼ぶことにする。この能力こそ、植物の生きる基本原理だ」

「現代の工業的栽培技術は、植物を物量で攻め立てる。栄養分が必要なら、大量の化学肥料を投与する。水が必要なら、地下水が枯れるまで水を与え続ける。土を柔らかくすることがよいとなれば、大型機械を駆使し、徹底して耕起する。病虫害や雑草を防ぐとなれば、膨大な毒物を環境にばら撒き、クリーニングする。過剰な物量を駆使して整備された“最適環境”では、そこで育つ植物は数ある生き方のうち特定の(とにかく生産性をあげるという)カードしか使用できない」

「光合成で合成されたブドウ糖をめぐり、植物体内には二つの代謝系が存在する。

一つは、ブドウ糖を多数結合させ、デンプンやセルロースなどの多糖類を合成する系。成長中の若い植物では細胞壁の主成分であるセルロース合成が優先され、生殖成長に入った植物では種実などに蓄積されるデンプンの合成が盛んになる。

もう一つは、タンパク質合成である。ブドウ糖はいったん有機酸に分解され、有機酸は根から取り込んだ窒素(アンモニア)を取り込み、アミノ酸となる。アミノ酸が多数結合すると、タンパク質が合成される。窒素分が過剰だと、ブドウ糖の代謝はタンパク質合成系に傾く。その結果、成育中の植物ではセルロースの合成が滞り、細胞壁の発達が抑制され、細胞の、ひいては植物体全体の頑丈さが失われる。過剰な窒素分の投与は植物を軟弱にさせ、結果として病虫害への抵抗性が低下する」

「現代の栽培技術は、植物を単なる物質系とみなしている。しかも、植物に与える物量を増やせば、それが高い収穫量として戻ってくるという、素朴な機械論である」

「植物は単なる“物質系”ではない。植物は同時に“情報系”でもある。植物が外界から取り入れるのは物量、つまり物質だけではない。植物は環境から“情報”も取り入れている。たとえば、根が栄養分を取り込む場合、栄養分という物質とともに、環境に存在する栄養分の量・質に関する情報も取り込んでいる。その情報を“シグナル”として読み込み、植物は適切な環境応答をしようとしているのである」

(中島紀一)

第1章

植物成長の原理
——植物が植物を育てる

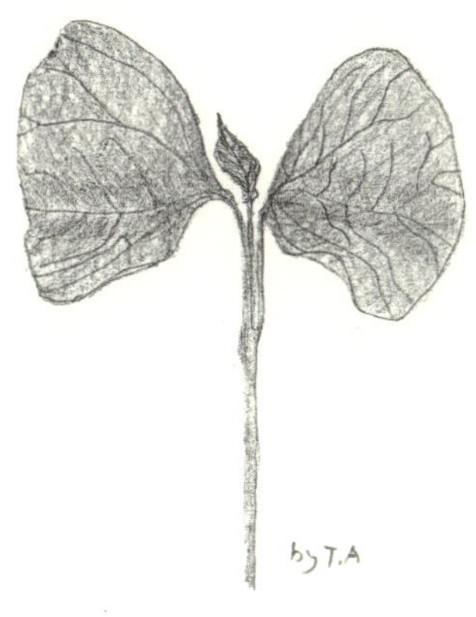

ワタ(Gossypium hirstum)
芽生え

解説

著者は本章のキーとなるテーマを以下の３点であると述べている。

①植物は自然に育つ

②植物を育てるのは植物だ

③土壌中の有機炭素蓄積が作物生育の鍵である

つまり、持続的な農業の形態においては里山の木や草を大切に活かすことが前提であり、逆にそれをなおざりにすると土壌は痩せてしまうことを農業生産の基礎原理として述べ、土壌の衰退は農業文明の衰退をもたらしたことを思い起こしている(「１農業の歴史」)。自然において可能であるこの原理は、植物群落の遷移という過程で目に見える姿を現している(「２遷移」)。

そして、陸上での植物の生活を前提に作物栽培を論じる。作物生理の基礎となるのは、光合成による自立したエネルギー獲得能力である(「３植物体(植物群落)の生長の仕組み」)。

この能力の起源は、まだ海の中の微生物のような存在であった初期の生命の段階に始まった出来事である。光合成細菌類、そしてシアノバクテリアなどによる太陽光を活用した独立栄養による生理の確立であった。しかも、その生理学的な成果と相前後して、初期生命であった細菌類のあるものたちは利用しにくい不活性な窒素をアンモニアに変換する窒素固定能力も獲得していく。これらを受け継いだ生物たちが陸上に進出したときには、自ら光合成する能力を持った植物は、窒素固定能を持った土壌微生物たちと共存し、またカビ類の菌根菌類などとも共生しながら、栄養条件を改善しうる存在となっていた(「４進化論からみた植物の光合成と微生物の窒素固定」)。

植物たちがなす群落は、貧栄養な地においても定着し、さらにたくましく、たゆまぬ生活活動を通じて生活域を広げていき、陸上を広く森の緑が覆う植生をつくりあげたのだ。このような論述を通じて、まさに「植物は自然に育つ」ということの進化的な仕組みが分かりやすく説明されている。

植物の能力を、作物栽培における土壌栄養と光合成能力との関係で理解するには、「５窒素固定と光合成の共役」において、水田がなぜ生産力の高い土壌を生み出すのかを解き明かしている点が重要である。森が涵養した水は水田に流れ入り、窒素固定菌などを養い、作物としての植物が育つという仕組みが理解されるのだ。

そこで著者は、作物の生かされているこの「環境」は、実は植物自身が生み出し支えている構造を持ったものであることを強調する。「植物は自己触媒的に植物を育てている」と論じているのである。土壌の豊かさは土壌生物相の豊かさであるが、土壌生物相が豊かであるのは土壌生物たちの成長を可能にしている豊かな栄養を供給している植物の成長があるからだ。とりわけ、たっぷりと植物起源の有機物の供給があればこそ土壌生物は豊かに増殖・活動して土壌を豊かにし、作物がよく育つというのが、「6有機炭素の意義」における指摘である。

これは明治時代以降1世紀以上にわたって日本でも農業の指導原理となっていた施肥理論への根底的なアンティテーゼ(反措定、対論)である。とくに、自然農法家が実践的に体験してきた農耕地における原理を科学の目で明快に解き明かしたものだ。

さらに、著者は「7農業の原理」において、すでに挙げた論点を敷衍して、自然生態系には土壌炭素のストックという原理的に大切な特質があり、それに反して農耕はこの炭素ストックを消耗する過程なので、有機炭素の還元作業は農業技術の根幹であると主張する。化学的施肥技術は栄養学的には合理的かもしれないけれど、土壌生物学的には原理的に誤っており、施肥などにおいては低投入な持続的栽培管理法が望ましい。この低投入な農法は理論的な帰結でもあるが、施業法としても展開可能な見通しを持っており、そのことは土壌バイオマスの「蓄える技術」化と「引き出す技術」化との論議をとおして展望されている。

こうして、「自然の摂理」は単なる予定調和的なイデオロギー(思想)ではなく、耕作理論として、農業技術であることが可能となることを解き明かしているのである。

(三浦和彦)

謎に満ちた営みとしての農業

農業は謎に満ちた営みです。それは生命の複雑系です。分からないことがたくさんあります。

しかし、地球の歴史を振り返り、また１万年ほどの農業の歴史を振り返ってみると、いくつかの基本原理も見えてきています。ぼくは自分でも畑を耕しながら、主として農業生物学という視点から、自然の原理、農業の原理について考えてきました。

農業は作物栽培であり、作物は植物で、またぼくの専門が植物学なので、この本では植物に注目してお話しします。本章では、植物生育の中心原理、その核心について、「植物は自然に育つ」「植物を育てるのは植物だ」「その秘密は土の中の有機炭素蓄積にある」という考え方の基本について説明します。これから述べることは、ぼくが到達した、ぼく独自のセオリーです。秀明自然農法の皆さんが、20年あまりの農業実践を「自然農法」という形で一定の成果を得られていると知り、この方々との２年間のおつきあいを通じて、ぼくは自分の考えを大いに深めることができました。

1　農業の歴史――持続的農耕の４つのタイプ

世界的に見ると、農業には約１万年の歴史があり、世界各地でさまざまなタイプの農業が実践されてきました。しかし、農業の持続性を考えたとき、数百年、数千年持続してきた農法はそう多くはない。比較的持続的な優れた農業といえるものは、「焼畑耕作」「水田耕作」「畑作農業」「西欧農業」の４つをおもなものとして挙げることができます。

①焼畑耕作（森林に依存）

日本でも昭和30年代中ごろまでは、各地で焼畑耕作が行われてきました。森林を伐採し、火入れをして、その後、種を播いて作物を育てる方法です。たいへん持続性のある農業形態であり、この持続性は、森林に依存している。20～40年かけて育った森林を切り拓き、そこを３～５年ほど畑として使用し、それを再び山に戻す。こうした畑を森林に戻す過程があるかぎり、永遠に農業ができます。

②水田耕作（上流域森林に依存）

日本を含むモンスーンアジアの誇るべき持続的農業として、水田耕作があります。

水田の土は基本的に肥えている。水田耕作では、必ずしも肥料を入れなくてもイネは育つ。その理由は、水田で使用する水を川から引き込んでいるからです。川の上流には森林がある。森林では、秋になると落葉が落ち、腐り、その栄養分が川に流れ込む。また、上流の肥沃な土もそのまま流れ込みます。

このように水田耕作は、森林からの栄養分に依存しているから、水田は森林生態系の一部であるとも言えます。上流の森林が健全に維持されているかぎり、水田では持続的に耕作できるが、山が荒れると、山から川への養分などの供給が乏しくなり、水田は荒廃します。

③畑作農業（二次林に依存）

一方、畑作は、水田と比較して難しい点があります。なぜなら、畑は水系から切り離されていて、地力維持を上手に行わないと持続的農業にはならないからです。

日本の畑作農業の持続性のある優れた例を挙げます。関東地方の武蔵野台地では、江戸時代に三富（さんとめ）新田開発（現在の埼玉県三芳（みよし）町）が行われた。そこでは、森やススキなどの原を拓いて農地を作ったのだが、このとき同時に、雑木林（コナラやクヌギなどの落葉広葉樹を中心とした二次林・里山）を育成し、育成した二次林から入手した落葉などを畑に入れてきた。この二次林は農用林であり、また薪炭などを採る生活林でもありました。二次林の面積は畑の面積におおよそ対応していた。畑は、里山からの資源に依存することで持続できるようになっているのです。

④西欧の畑作農業（草地に依存、有畜化と輪作）

西欧の畑作農業は、基本的には草地育成と畜産の組み合わせです。草地に牛や羊や豚を放牧し、その排泄物を畑に戻すことで、持続性を維持してきた。また、穀物と飼料作物を組み合わせた巧みな輪作体系を編み出して、土を荒らさないように、土を管理してきた。有畜化と輪作の組み合わせによって、西洋農業は草に依存してきたと言えます。

以上の４つの例から明らかに言えることは、「持続的農業は、森林や草地、木や草に依存している」ということです。植物（作物）を育てるのは植物（樹木や草）だということです。

１本の木を植えることから、農業は始まります。樹木や草を大事にしない農業は、農業にはなり得ません。農業が持続するためには、どこかに木や草を植え、生やし、その恵みを得ることが必要です。持続性のある農業であれば、その農業は地域生態系の維持（二次的自然の形成）に重要な機能を担う。つまり、農業には里山を維持する機能がある。また、持続的に農業を営むためには、里山の木や草を大事にすることが必要であり、木や草を養うことで、農業を持続できる。木や草を十分に活かさないと畑の維持はあり得ない。「植物は植物によって育てられる」からです。

田畑の畦を見ると、草がよく茂っています。ところが、畑の中の草の生育は貧相だという場面によく出会います。なぜでしょうか。

畦草は、数十年の間、草が生え続けているから肥えているのです。畦の土は肥えて良くなっていく。植物を育てるのは植物であり、植物は自然に育つ。一方、畑では、耕して草を取り除いてしまう。草がなく、こうして裸地状態が続けば、土は痩せていきます。

ここには、生態系形成における植物の自己触媒的生育の仕組みがあります。これは農業についてのもっとも重要な原理です。樹木と草が、作物を育てる。よって、樹木と草を育てない農業は持続しない。これが農業の歴史に見られる原則である。これが本章の結論です。

2　遷　移

火山が爆発すると、溶岩が吹き出し、生きとし生けるものが溶岩の中に飲み込まれ、火山灰が堆積し、そこはいったん命が消えた死の世界となり、不毛の大地となる。有史以来、日本列島ではいつもどこかでそれは起こってきた。たとえば伊豆七島の三宅島では、最近も大きな噴火がありました。

噴火して溶岩が流れ出せば、人間もネズミも逃げるけれど、植物は逃げられない。それで裸地になる。しかし、その裸地にも、やがて草が生え、100年もすれば立派な森になり、さらに1000～2000年を経過すると、鬱蒼とした安定した極相の森林（古木の森）となります。こうした植生の変化を遷移と呼びます。

自然の遷移が進行している1000～2000年という時間の推移の間には、無施肥、不耕起、無除草、無収穫、無播種が持続しており、それはまさに自然農法とよく似たプロセスです。

これは自然史的歩みであり、裸地が鬱蒼とした森林に育っていくプロセスは不思議な現象です。植物が植物を助け、植物の自己触媒的な働き（校訂者注：植物の「環境形成能力」とも呼ばれる）で遷移が起きている。遷移は自然史的過程であり、時間はかかる。しかし、この遷移こそ農業の基本原理の基礎であり、ぼくたちは、この原理から多くを学ぶ必要があります。

では、遷移はなぜ、起きるのか？　誰も種を播くわけでもなく、肥料を撒くわけでもないのに、なぜ、裸地は森林に変わっていくのか？　その極意が分かれば、何もしなくても作物が育つようになります。自然農法の秘密はきっとそこにあるはずです。

まず、基本的な再確認として、植物が生長する仕組みを説明しましょう。

植物の集団を植物群落と言います。イネの群落は水田の中に存在する。イネの株一つ一つはイネの個体であり、個体が集団となると、群落となります。

一つ一つの植物個体は、放置されても成長する。植物群落もまた、放置されても成長する。それは、植物が光合成を行い、太陽のエネルギーと二酸化炭素(炭酸ガスCO_2)と水(H_2O)から有機物を合成するからであり、植物成育の鍵は光合成にあります。

3　植物体(植物群落)の成長の仕組み —— 物質生産と物質循環

(1)　植物による光合成と微生物による窒素固定

植物は大気中の二酸化炭素と根から吸い上げた水を原料として、光のエネルギーを使って光合成を行い、有機物(炭水化物)を作り、育っていく。つまり、植物は、光エネルギーと二酸化炭素と水があれば育つ。そして、自分で作ったこの有機物(炭水化物)を呼吸によって分解することでエネルギーを引き出し、分解により発生した二酸化炭素を空気中に戻す。植物には、二酸化炭素を吸収し、排出するという、循環を司る機能があり、植物体の個体一つ一つの単位でその循環が成り立っています。

成長した植物も、やがて必ず死ぬ時がきます。すると、その残渣(遺体)は土に戻り、土中に生息する小動物や微生物の餌となり、分解される。小動物や微生物は、酸素(O_2)を使って残渣(植物の遺体である有機物)を分解し、エネルギーを引き出す。呼吸によって有機物を分解し、エネルギーを得て生きる仕組みは、植物も小動物も微生物も基本的には同じ。この分解によって炭素化合物は二酸化炭素となり、窒素化合物はアンモニアとなり、いずれも体内から排出される。

図1のN_2は空気中の窒素ガスで、大気中に約80%存在し、植物自身のからだを構成するための重要な元素のひとつです。ただし、植物自身は窒素ガスを直接利用できない。植物は自らの働きで炭酸ガスは直接利用できるのに、窒素ガスは直接利用できない。ここに植物が成長するうえでの大きな隘路があります。

一方、土壌中に生息するある種の微生物は、空気中の窒素ガスを窒素化合物として固定する能力、すなわち、窒素ガス(N_2)をアンモニア(NH_3)に変換

図１　植物体（植物群落）成長の仕組み――物質生産／物質循環

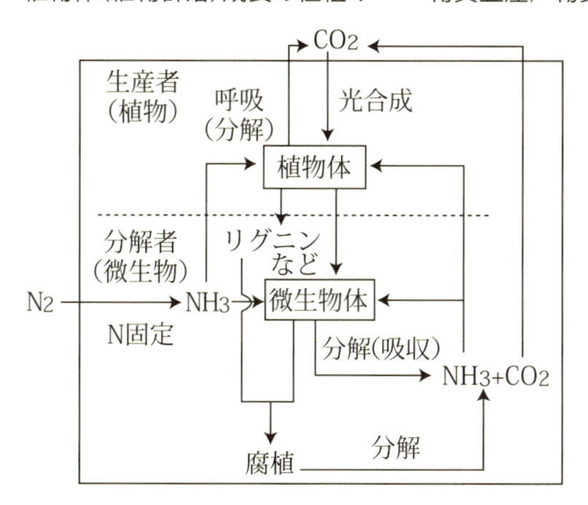

する能力を持っている。生物世界の成立にとって、植物の光合成と微生物の窒素固定は非常に重要で、巨視的に、そして原理的にみれば、植物による炭素固定（光合成）と微生物による窒素固定によって、陸上の生物の世界がつくられてきたのです。

植物の体内にはリグニンという物質があります。リグニンは自然界ではたいへん分解されにくく、難分解性物質とされる。植物が土に戻るとき、植物の遺体は微生物による分解を受けて、二酸化炭素、アンモニアとして放出されるが、リグニンはなかなか分解されず、土に残る。この残ったリグニンと微生物が生成する他の物質とが結合して、腐植が形成される。

腐植は粘土鉱物とともに土の豊かさの担い手となり、そこに根を張る植物を育てる。リグニンはＣ／Ｎ比が高い植物、セルロースがよく形成されている植物に多く含まれている。リグニン自体は数千年の長きにわたって土中に残るとされているが、まったく分解しないわけではなく、長い年月をかけて最終的にはアンモニアと二酸化炭素に分解されます。

自然農法の世界では、堆肥は、肥料として土に施すのではなく、土を乾かさない、暖める、固めない作用があるから施すのだと説かれることがあり、ぼくもそのとおりだと思います。腐植が土の中に存在することで、土全体がうるわしい状態になると考えられるからです。腐植には、物理的・化学的・

生物学的にさまざまな大切な役割があり、そのことをシンボリックに、土を乾かさない、暖める、固めない作用と言っているのだと、ぼくは理解しています。

⑵ 物質循環

合成と分解の仕組みが分かったところで、植物はなぜ成長し、やがて枯死するのかについて説明します。

植物は、成長段階に応じ、光合成による合成と呼吸作用による分解の大きさのバランスが変化し、その差によって、成長となるか、衰退となるか、そして枯死になるか、変化していく。

まず、若い植物体(植物群落)では、炭素固定すなわち光合成の速度が分解の速度より早いので、植物体は成長していく。単に若い植物個体についてだけではなく、若い植物群落にも同じことが言える。若い成長中の群落において、光合成による合成の量と、微生物も含めた分解の量のバランスを比較すると、光合成の合成のほうが大きいので群落は成長していくのです。

しかし、植物も年を取ってくるとやがて合成能力が低下し、合成と分解が均衡するようになり、成長が止まります。成長は止まっているが、これは合成と分解とのバランス(その収支)が均衡しているのであって、内部の仕組みとしてはこれらの両方向の反応は続いており、合成と分解が停止しているわけではない。やがて、植物がその寿命を迎えると合成は停止し、分解だけが進み、その死を経て、土に戻ります。

こうした光合成のプロセスに、窒素固定という合成反応が加わります。光合成による炭素化合物の合成と窒素固定による窒素化合物(タンパク質など)の合成の2つの過程が合わさって、さまざまな有機物が合成される。そして、植物と微生物は呼吸によって炭素と窒素から構成されるこれらの有機物を分解する。そのバランスに依存し、合成が勝れば成長し、蓄積となり、分解が勝れば衰えます。

たとえば1枚の水田を見ると、成長期のイネは旺盛に育っていることが分かる。イネは、成長とともに光合成で物質を作り出すので、生態学では生産者と呼ばれる。自然界で光合成をする能力があるのは植物だけ(厳密にはある種の微生物も光合成ができることが分かっている)。大気中の二酸化炭素が植物の光合成による炭素固定で有機物(炭水化物)に変化し、これら有機物は呼吸によって再び二酸化炭素に還っていく。自然界の炭素循環は、この植物の光合成が基本となって成立しています。

農業を考えるにあたって、微生物の役割が重要であることが強調されます。だが、自然の生態系において微生物の主導性だけを強調するのは正しくない。むしろ、(植物が誕生して陸上の生命の暮らしが始まってからは)生態系における物質循環の主導者は植物であると考えるべきだというのが、ぼくの考えです。植物には有機物を作る働き、すなわち光合成の働きがあるからこそ、植物は生育し、それに主導されながら微生物は働くのです。

ここでしっかりと考えられるべき問題は、植物が生産者として炭素循環において重要な役割を担うという点と、他方で、微生物もまた窒素化合物の生産者として窒素循環において重要な役割を担っているという点です。植物は、光合成で、二酸化炭素(炭酸ガス)から炭素化合物(有機物)を作る。一方、微生物は、窒素ガスから窒素固定でアンモニアを作る。そして、植物は微生物が固定したアンモニアを使ってタンパク質を合成し、植物体を作っていく。植物は、根からアンモニアを吸収してタンパク質を作り、光合成による炭素化合物と合わせて、植物体自身を構築していく。

農業についての自然科学的理解にとって、炭素と窒素、この2つの鍵になる物質の循環を統一的に理解していくことがたいへん重要なのです。

4　進化論からみた植物の光合成と微生物の窒素固定

(1)　バクテリアの進化

なぜ、植物は窒素を自分で確保できないのでしょうか？　その疑問を解く鍵として、生物(とくに細菌類)の代謝系の進化について説明します。

現在の地球で空中窒素を固定する能力のある生物は、特定の細菌(バクテ

表1　生物（細菌類）の代謝系の進化（化学合成菌は除く）

	出　現（億年前）		嫌気性好気性	光合成	N固定（例外○）
①	38	嫌気性従属栄養細菌	嫌	×	×（クロストリジウム（Chlostridium）など）
②	35	光合成細菌	嫌	○ O_2 非発生	○
③	30	シアノバクテリア（ラン藻）	嫌	○ O_2 発生	×（ノストック（Nostoc）など）
④	15〜20	好気性従属栄養細菌	好	×	×（リゾビウム（Rhizobium）、アゾトバクター（Azotobacter）など）

→ 10〜15億年前に植物（③＋④）が誕生
好気性光合成非N固定型の生物として
N固定能のある細菌は古い代謝型 ―→ 植物は引き継いでいない

リア）だけです。細菌（バクテリア）の進化の歩みを振り返って、この問題について考えてみたいと思います（表1）。

現在の生物学では、今から38億年くらい前に一つの生命（始原生物）が登場したであろうというのが定説になっています。微生物の化石もしくは微生物が作ったと思われる有機物の化石が38億年前の地層から出たというのが、その根拠です。

その当時、地球上には酸素がなかった。細菌は、嫌気的な条件下で生息していた。その細菌は、まだ光合成も窒素固定もできず、従属栄養で、外から栄養を吸収して生きる嫌気性従属栄養細菌であったと考えられている。

しかし、そのなかで、クロストリジウム（Chlostridium）という嫌気性細菌は、例外的に窒素固定ができたようだと考えられている。このクロストリジウムは、なんと現在も畑や水田、とくに水田に生息しています。

光合成細菌は35億年前に登場したとされる新型の細菌であり、しかも、光合成による炭素固定と窒素固定との両方ができた。この光合成細菌も、水田に現在も生息している。光合成細菌は光合成も窒素固定も両方できる素晴らしい生物で、自立性の強い地球上唯一のタイプの生物です。湿田的な嫌気的環境が残されている水田において、植物への栄養供給の一端を担う、実に頼りになる微生物として、現在も生息している。

30億年前になると、新しいタイプの嫌気性細菌であるシアノバクテリアが登場した。シアノバクテリアは、窒素固定はできない細菌群だが、その中の特殊なノストック(Nostoc)などのグループだけは特別に窒素固定ができるようになった。

現在の細菌の多くは、15～20億年前に登場した好気性従属栄養細菌で、酸素を消費して分解(酸素呼吸)するが、窒素固定も光合成もできず、自分では栄養を作れない。ただ、例外として、リゾビウム(Rhizobium、マメ科の根粒菌)とアゾトバクター(Azotobacter、現在では畑や水田に生息している)という好気性細菌は窒素固定ができる。この微生物の働きが、その後の自然史においてたいへん大きな役割を果たしてきた。

細菌は、数十億年の間に**表1**の①②③④という順で分化し進化してきて、彼らの子孫が今も土中にたくさん生息している。詳しく正確に説明するとすれば他にも多くのタイプの細菌がいるが、ここでは割愛します。

(2) 植物の進化

一方、植物はどのように進化してきたのでしょうか。

植物は、数種類の細菌が組み合わさり(細胞共生)生まれたというのが現在の定説となっています。すなわち、**表1**の③のシアノバクテリアと、④の好気性従属栄養細菌が合体してできたのが原始の植物細胞だと考えられている。③のシアノバクテリアは光合成ができる。④の好気性従属栄養細菌は、光合成も窒素固定もできない。このような理由で、現存する植物は、光合成はできるが窒素固定はできない生物となったと、考えられています。

窒素固定ができる光合成細菌は、35億年前の酸素のない時代の地球に登場した古い代謝系を持つ細菌だが、十分に酸素が存在する(好気的な)現在の地球条件下では、窒素固定が抑制されてしまう。そこで、現在では、水田土壌の深い酸素不足で嫌気的なやや特殊な条件下において、窒素固定を行っている。畑でも土中深い酸素不足の嫌気的状態で、窒素固定を行っている。

これから本論です。

今から 10 ～ 15 億年前に植物の元になる細胞というものができ、植物は 4 億年前に陸上に這い上がったというのが、現在の定説です。当時の地球の陸上はどんな環境だったのか。

おそらく、荒涼とした大地であったであろう。岩石はあったであろう。風化作用もあったであろう。土は風化でできはじめたとしても、雨で全部海に流されていたであろう。4 億年前の陸は、できた土を流亡から防ぐような物が一切なく、裸地で、溶岩台地と同じ状態であったであろう。

ミネラルは地上には薄い層になっていたであろうが、風や雨でたちまち流され、海に流れていくので、海は豊かになっていたであろう。だから、海にはたくさんの生物がいた。

そして、ある理由があって、4 億年前に最初の植物が陸上に這い上がりはじめた。まずは、今でいうコケのような植物になったと考えられている。

当時の陸上は貧栄養状態であったであろうと考えられている。植物が這い上がっても、まだしっかりとした根はなかった。コケには根はない。根のようなものはあるが、仮根と言って、現在の高等な植物の根とは異なり、小さな植物体を地面に固定させるだけで水も栄養も吸収しない。コケは藻類と同じで、全身から水、栄養分を吸収する。やがて、本格的な根ができあがって、土の中から水分と栄養を吸収する植物（維管束植物）が現れた。

生産者としての植物のいない 4 億年前の大地は、わずかに微生物やコケ類などだけが生きはじめた、まだまったくの不毛で、貧栄養だった。植物が最初に陸上に這い上がったとき、植物の成長を手助けする植物はいなかった。現在では植物が植物を育てているが、当時は植物を助ける植物はいなかったのです。

植物はどんな戦略で陸に這い上がっていったのでしょうか。定説としては、微生物も植物と同時期に陸に這い上がったと言われています。細菌、カビ（糸状菌）の一部が海から陸に這い上がっていった。植物に付着して陸上に這い上がったとも言われている。当時の植物は根も十分にない状態だったので、細菌、カビ（糸状菌）の手助けを借りたであろう。

植物と微生物との共生的な進化の戦略は共進化と呼ばれ、①カビとの共生、②窒素固定菌との共生が挙げられます。

①カビ(VA菌根菌)との共生

植物が陸上に生息するには、カビの一種であるVA菌根菌のような手助けもあっただろうと考えられている。このカビの役割を理解することは現在の農業でも重要だ。VA菌根菌は、3億7000万年前のシダ植物の根の化石から見つかっており、植物と菌根菌の共生によって、菌根菌は貧栄養の土から栄養を吸収し、その栄養を植物が利用していた。この関係は陸上生活のごく初期から成り立っていたのであろうと考えられている。

②窒素固定菌との共生

窒素固定菌、とくに根粒菌とリゾビウムは植物と共生し、これらの細菌が窒素固定を行い、それによりできたアンモニアを植物がいただく。これは現在では、おもにマメ科の植物たちの根粒で行われている微生物共生と同じだ。

植物はこのような微生物の力を借りて、貧栄養の状態の不毛の土地で4億年前から地上で生きはじめたのです。

以上、①カビとの共生、②窒素固定菌との共生という2つの戦略は、これからの有機農業や自然農法において重要なヒントとなります。

4億年前、貧栄養の環境の中で、植物は窒素固定ができず、根から栄養を吸収する力も弱かったので、微生物の助けを借りて生きていた。自然農法の土はおおむね貧栄養です。ただし、4億年前の陸上とは異なる意味で貧栄養なのです。そんな自然農法は、4億年前からの植物の戦略を現在の農法として活かしていったらよいと思います。

5　窒素固定と光合成の共役

植物は、アゾトバクターなど好気性の窒素固定菌が作ったアンモニアNH_3を栄養としてもらいます。窒素固定菌は、細胞外から取り入れた炭素化合物を糖代謝として分解し、エネルギーと還元力を生み出し、そのエネルギーと還元力を使って窒素固定をする。

窒素固定菌の餌である炭素化合物は、植物が光合成により生み出した。植物は窒素固定菌に炭素化合物を提供し、窒素固定菌は空気中の窒素を固定して、植物にアンモニアを提供している。また、植物自身の死は、それ自身がバクテリアの餌となることでもある。

植物の根の外には非共生窒素固定菌（特別な種類のシアノバクテリアなど）がいて、植物は間接的にこれらの菌に餌として炭水化物を提供し、これらの菌が生産したアンモニアをもらう。一方、根粒菌は植物の根の細胞の中にまで入り込み、直接植物から栄養をもらい、アンモニアなどの栄養を直接植物にお返しする。

植物は進化過程の理由から窒素固定ができないので、植物が陸上に進出した４億年前からは、受け身のあり方だけではなく自発的・能動的にバクテリアに餌を与え、窒素固定をさせる戦略を行ってきた。植物は窒素循環という側面ではバクテリアの助けを借りて育つのだが、同時に植物の営みなしにバクテリアによる窒素固定はないことを、ここでは強調しておきます。

光合成細菌は35億年前に地球上に登場した古手のバクテリアであり、窒素固定も光合成もできる。ある意味、窒素固定のできない植物より優れた生産者であるとも言える。しかし、光合成細菌の泣き所は酸素に弱い（嫌気性バクテリアである）ということ。今の地球は至るところに酸素がある。大気中や土の表面は酸素があるので、そこでは光合成細菌は生息できない。土の下のほうは酸素がなく嫌気性バクテリアにとって住みやすいが、そこには光が届かないので、光合成ができない。

そのため、水田の土層の浅いところが、嫌気的でかつ光が届くわずかな場所として、光合成細菌の住み処となっている。35億年前には酸素がなかったので、光合成細菌は大手を振って生きていたが、現在の地球上では酸素はふんだんにあるので、光合成細菌はメジャーにはなれない。

人間が作った水田には酸素を遮断した水の下の地面表層があり、そこで光合成細菌は生きられる。窒素肥料を与えなくてもイネが育つのは、光合成細菌のおかげもあるのだと思われます。

6　有機炭素の意義

本章でいちばんお話ししたいのは、植物が植物を育てているということ、植物は自己触媒的に植物を育てるということです。キーワードは炭素C、有機物としての炭素です。有機物としての炭素は植物が作る——これがここでのポイントです。

生産者である植物が、光エネルギーを利用して、水と二酸化炭素からグルコース、セルロース、デンプンなど有機炭素化合物を合成します(図2)。光合成細菌など一部の例外を除けば、これは植物だけができることであり、農業はこれに依存している。自然界でも炭素循環のすべてがこれに依存している。

図2　土壌生態系における有機炭素（OrgC）の役割

生産者（植物）——> 光合成によるCの固定

CO_2 ——> グルコース（ブドウ糖）——> セルロースなどの重合物

土壌中の微生物の餌は有機物、炭素化合物であり、この餌なしには微生物は生きられない。餌である有機物を作るのは植物であり、植物が作った有機炭素で微生物は生きていくことができる。また、植物体は有機炭素の塊(かたまり)だ。植物が死ぬと、稲ワラ、根っこ、落葉など、さまざまな部分が土中に戻り、炭素化合物を土壌中に供給する。そして、これらの有機炭素化合物が、土壌微生物を活性化するスターター(starter、初発物質)、あるいはアクティベーター(activator、活性化物質)となります。

有機炭素化合物がスターター、あるいはアクティベーターとして動くことで、すべての微生物、病原菌、有用菌、その他さまざまな細菌が動き出します。また、微生物だけでなく、動物も有機炭素化合物という餌で動き出します。動物も餌なしでは動かないからです。ミミズのような消費者も、さまざまなバクテリアが分解者として働いているように、消費者として動くことで物質循環が成り立ちます。生産者である植物が生産したこのスターターとしての有機炭素化合物の存在なしには、土壌中の炭素の物質循環は始まりません。

秀明自然農法調査研究委員会（10ページ参照）は1年目の調査結果をふまえて、刈敷、自然堆肥という方法の意義を強調して、有機物を農地に還元することを提案してきました。刈敷、自然堆肥のおもな狙いは、有機炭素の供給にある。これらの方法で、植物体を畑に戻すことが有効だと提案してきた。植物体を土に戻すことで土を保全し、それらが土壌生態系を活性化するスターターとなり、またアクティベーターともなり、すべてが動き出す。逆に、土壌中の有機物が枯渇すると土の中の生き物のほとんどすべての動きが止まり、動かなくなります。

ところが農業の教科書には、有機炭素Cを土の中に入れると窒素飢餓が起こると書かれています。ほとんどの土づくりの教科書には、炭素を入れると、それを餌として微生物が増殖し、同時に近くの窒素を微生物が吸収し、植物が使う窒素が減って足りなくなる、と書かれている。

短期的にはそのとおりだと言えるが、実際には土の中の窒素が足りない状態は1週間〜10日程度で終わる。たとえば稲ワラは炭素の塊であり、これを鋤き込むと、一時的に窒素飢餓が起きる。それは微生物が一気に繁殖し、窒素を吸収するからだ。しかし、微生物の急激な繁殖の期間は1週間〜10日程度で、その間に微生物は30分に1回のペースで分裂・増殖を繰り返す。微生物は増殖し、そしてすぐ死んで、土壌中に返る。すると、微生物体の中に濃縮された窒素が、微生物の死とともに微生物体内から土中に再び開放される。すなわち、1週間〜10日程度の時間差はあるものの、窒素は再び土壌中に放出されるので、むしろ有機物すなわち有機炭素の鋤き込みによって土壌中で「利用できる」窒素は増えると言えるのです。

稲ワラを土中に還元すると、仮に鋤き込んだとしても、窒素飢餓は10日程度で終わり、1カ月後には窒素は土壌中に戻ってくる。むしろ、窒素は増える。窒素飢餓をあまり恐れることはない。鋤き込んだあと、すぐ種子を播くのは良くないかもしれないが、少しの時間をおいてみれば、炭素を入れると、「作物が利用できる窒素」は増えるというのが正しい結論と言えます。

炭素を入れると窒素は増える。これは小松崎将一さん（茨城大学）の実験に基づいた重要な指摘でもあります。この点についてのぼくの仮説を説明しましょう。

①有機炭素化合物を土中に入れると微生物は増え、窒素固定菌も増殖し、一時的に窒素飢餓が起こる。

②菌根菌、根圏微生物が増えると、微生物の中で窒素が濃縮される。

③その他の一般の微生物が増殖する。そして、死ぬ。つまり、体内に濃縮した窒素が放出される。それをミミズなどが食べて、糞を排泄する。ミミズが濃縮した窒素が糞の中に濃縮され、排泄によって土中に放出される。散らばった窒素が微生物やミミズの力で濃縮され、植物に戻される。さらに、ミミズを食べたヤスデなどの昆虫類も栄養として濃縮した窒素化合物を糞として排泄するなど、この糞が他の微小動物の餌になるという循環が連鎖することがしだいに解明されつつある。これらは、最初に炭素化合物を土中に入れたからこそ起こるのだ。

④リグニンの土壌中への還元により、腐植が増加し、土中に窒素が蓄積されていく。

以上①〜④の仮説を説明したが、まだ十分には立証されていない。炭素を入れると窒素が増えるということを実証する農学的なデータは小松崎さんのデータくらいで、乏しいからです。

植物は死んで、有機炭素の塊である自分のからだを土に戻し、次世代の植物の生育を助ける。遷移はその繰り返しのなかで起きる。遷移が進むと有機物の蓄積が進むので、ますます土は豊かになり、植物のからだはさらに大型化する。そして、長い年月をかけ、莫大な量の有機物が土壌中にも地上の草や樹木という植物体にも蓄積され、さらに遷移が進む。これは、100〜1000年単位の時間をかけて進行し、繰り返されていく自然史の過程です。

それを1〜2年の短期間の農業生産の中で活かしていく方法として、刈敷、自然堆肥という私たちの提案になった。1000年かかることを1〜2年の農業で再現していくには、植物体を人為的に工夫して土に戻すことが必要なのです。

7　農業の原理

(1)　前提としての自然生態系

森林が 1000 ～ 2000 年経過すると、初期の裸状態の土から膨大なバイオマスを誇る古木の森に発展する。この謎のようなプロセスを、有機炭素をキーワードにして説明してきました。以上のような自然の成り立ちを農業原理として農業の現場に活かしていくこと。これが、ぼくたちの提案の趣旨です。

植物自身は窒素固定ができないので、微生物を餌付けのような仕組みを作りあげて窒素供給させている。それで土が豊かになり、次世代の植物が年々豊かに育っていく――これが自然の摂理だ。この摂理を一切無視し、外部からの資材投入に頼ろうとするのが近代農法。それに対して、この大自然の摂理を理解し、それに基づいて農業を組み立てようとしているのが有機農法や自然農法なのです。

農地が農地になる以前は、森林あるいは草地だった。1 枚 1 枚の農地が農地となる前の履歴を知ることは大切で、その土地が、いつ伐採、開拓、開墾されたのか、10 年前なのか、50 年前なのか、100 年前なのか、畑の履歴を知る必要がある。そこには、さまざまなエピソードがあっただろう。農業は、森林生態系の確立後にその恵みを得て成立したものなのです。

日本列島の森林には、1000 年分、2000 年分、あるいはそれ以上の膨大なストック(バイオマス)がある。草地はそれに比べると期間が短く、森林に比べればストックは少ないと言える。

有機物、枯れ葉などは土壌に還元され、植物の根が深く土の中に入っていく。植物の栄養になるリンなどの無機元素は地中の深いところにあるが、それを植物の根が吸い上げる。無機物は下から吸い上げられる。つまり、栄養的に見れば、表土は上から供給される有機物と下から供給されるミネラル(リン、その他)などから構成される(図3)。1000 年単位の長い年月をかけ

図3　前提条件としての自然生態系

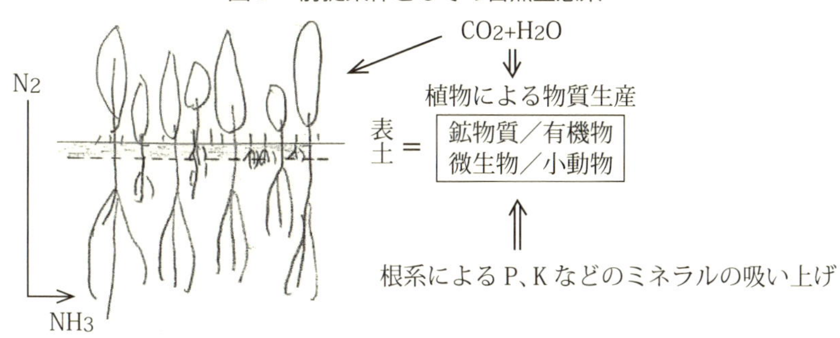

て、上から有機物、下から無機物が供給されることにより、表土ができた。植物と微生物が地上に上がってきた4億年前から、この営みがこのような仕組みで繰り返されるなかで、地球上の陸地の表面には薄い表土が作られてきた。

少なくとも数千年、さらに長く見れば4億年の土壌のストックの恵みがあって農業ができていると言える。私たちの農業は森林や草原の恵みを畑に活かした営みなのです。

⑵　農耕は「地力」の消耗過程

長くは4億年、少なくとも1000～2000年かけて作られてきた薄い表土の恵みを消費する過程が農業であり、その貯蓄を食いつぶす過程とも言えます。

この過程の概念図(図4)では、横軸は時間を示しますが、単位は任意です。縦軸は土壌有機物量で、およその相対的な増減量を示します。裸地から始まり、100年そして1000年をかけて遷移が起こり、それが安定し、森林ができて、有機物の蓄積が起きる。農業はこの遷移と呼ぶ自然生態系のシステムに依存している。ある土地のある時点で人間は開墾、耕起、除草などを行い、遷移を止めてしまい、農業を開始する。

遷移が進んで成立した鬱蒼とした森林では、土壌表面にも光はあまり当たらず、有機物の分解がとてもゆっくりしたものとなり、徐々に蓄積が進む。

図４　三つの技術（概念図）

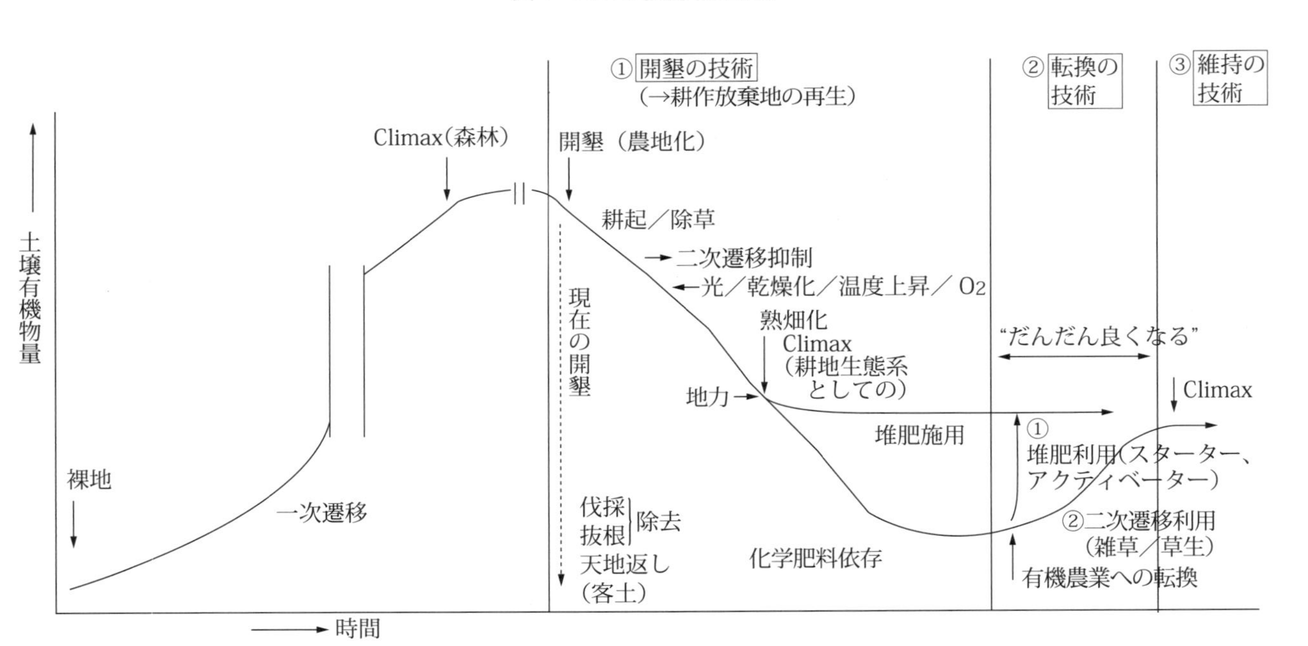

コメント①　農業は自然生態系（森林・草地）の蓄積した地力の消耗過程（→4億年前に出現した陸上生態系（土）に依存）

コメント②　耕作放棄（休閑）は究極の地力回復法

コメント③　有機農業と自然農法は、基本的には違いがない

ところが、このような森林を伐採し、畑を拓いて農業を始めると、地面に光が当たり、有機物のストックはどんどん消費、消耗される。これは自然史からみた農業の宿命的位置とも言えます。

開墾地から農業を始める場合は、ストックのある成熟した土の段階からのスタートだと言えます。そして、その土地で10年、20年、30年と農業が営まれていく。その段階で、すでに土は消耗のステージに入っている。堆肥などの形で有機物を投入することを前提とした農法の場合には、有機物の消耗は抑制され、土の肥沃性はある程度は維持される。

しかし、有機物の還元施用を行わない慣行農法では、有機物の存在量がどんどんと下がり、土の力はじり貧まで下がっていきます。

(3) 地力回復の技術的道筋

ぼくたちは、慣行栽培の畑を有機農業、自然農法に切り替えようとしているわけです。この場合、ぎりぎりまで地力が落ちたところからスタートする。たいへん厳しい状態からのスタートだ。今まで慣行農法をしていて地力がぎりぎりまで落ちている状態の土地で、有機農業、自然農法に切り替えていく場合に、どのようにして地力の回復を図るのか。それが課題となる。ここでは、2つの方法を説明します。

その方法の1つとして、良質な堆肥をたくさんつくって畑に入れるというやり方があります。堆肥を入れると、土中の有機物含量がどっと増えていく。堆肥投入を3～5年くらい継続すると、地力は消耗のステージからある程度回復し、作物栽培は安定していく。これが有機農業的な方法です。

2つ目の方法としては、雑草をなるべく抜かないようにすることが挙げられます。農地に草が生えるという二次遷移を大事にしながら、農地への有機物還元を確保し、有機物を少しずつ増やしていく。これは自然農法的な方法。生えた雑草を大事にして、作物の残渣も畑に戻すという方法です。この方法だと、地力が回復するまでに10年くらいはかかる。自然農法の場合には、しっかりした方法、計画的な積み上げを続けないかぎり、慣行栽培で消耗した地力を元に戻すのは至難の技であり、そのまま策を持たずに、待つだけであれば、地力はますます落ちるだけだろう。

自然農法の技術の用語として、「肥毒」という言葉があります。この言葉の意味をどのように確定していくかは今後の課題としたいと思うが、今ぼくは、肥毒とは化学肥料に依存して地力が落ちた状態の土のことを指すのだろうと一応解釈しています。

地力回復は待っていてもできない。どうやったら地力が上向いていくのか。その方法には、有機農業的方法(堆肥)と、自然農法的方法(草生、刈敷)の2つがある。森林や草地を伐採し、耕起し、農地として利用すると、地力は低下する。収穫すると、地力はさらに低下する。それをどのように底上げして維持していくか、それこそが農業技術の課題なのです。

ここでさまざまな土地の純生産量を数字で見てみましょう。

年間・ヘクタールあたりの有機物の純生産量(生産量から呼吸量を減じた量)は、熱帯雨林では22トン、温帯林で12トン、温帯草原で8トンです。一方、水田水稲作では年間10トンの有機物の純生産量があります。裏作にムギを作ると、もっと生産量は上がる。このことから水田農業の生産性はかなり高いと言える。水田農業の生産性は、物質生産の塊のような鬱蒼とした熱帯雨林と比較しても、それほど低いわけではなく、かなり高い。

自然生態系は、系外への溶脱はありますが、人為的な収奪がゼロであり、持ち出しはしていない。森林では有機物が循環し、拡大再生産の方向に向かいます。

栽培条件では、農地からの収穫量がかなり高いことは以上のとおり数字で分かるが、農地では持ち出しという問題がある。水稲なら籾、豆類なら豆部分、果菜類なら果実部分、葉菜類なら茎葉などを持ち出す。水田では、イネの籾を収穫する。ワラも持ち出すことが少なくない。野菜やムギなどでは、水田以上に激しい収奪が起きる。農法としては、持ち出したものをどうやって補うかが課題となります。

そこで、一般の農業理論として「施肥」という理論が登場します。それに対応する学問分野として肥料学が登場する。しかし、この一般の農業理論では、持ち出しへの補いとして、堆肥を入れるのではなく、化学肥料でまかなおうとする。彼らは持ち出したのは無機栄養成分だと理解し、窒素、リン酸、カリについて持ち出した量を計算して、施肥量を算出する。日本では、昭和時代以降こうした考え方を背景として、化学肥料に依存した施肥農業が発達し、追求されてきました。

ぼくたち有機農業技術会議では、これらの施肥理論は間違った理論であると主張しています。そして、秀明自然農法は、一切の施肥をしない無施肥農業を実践しています。この姿勢は正しいと、ぼくは思います。ただし、このような施肥理論には基づかない無施肥農業が持続的に成立するためには、理論的にも研究を深め、実践的にも技術を多彩に展開していくことが必要です。

ぼくたち有機農業技術会議としては、それを説明できる原理、理論と技術をこうした実践者とともに追求していきます。施肥せずに、収穫物を持ち出す農業を持続的に成立させるにはどうしたらよいのか？——それこそがぼくたちの最大の課題です。

⑷ 低投入・持続型農業の提唱

結論として、模索を続けている皆さんに、施肥に依存しない、新しく、かつ古い農業の構築、すなわち「低投入・持続型農業」の構築をその課題に対する答えとして、提唱します。

ぼくたちが提唱している、施肥に依存しない農業、質的にも量的にも低位の投入で、かつ持続する農業では、投入する有機炭素を肥料とは位置づけない。有機物には窒素が含まれている。動物性堆肥も窒素が多いと言えるし、青草も窒素が多い。ぼくたちは、これらは作物への栄養ということではなく、地力を維持するための栄養分となると考える。

炭素の塊である稲ワラのようなものを土に還元することで、次の植物の生育が保証される。これらの投入量は、量的には少ないが、栄養分の少ない炭素を中心したものを少量、土に入れると、それがスターターあるいはアクティベーターとなって、微生物生態系が活性化し、それに依存して持続農業が可能になるというのが、ぼくたちの展望だ。決して収奪型であってはいけない。収奪型では、農業は長続きしない。何も投入せず、何もしないままだと、農業は収奪になってしまいます。

何もしないのではなく、土の恵みを育て、有効にまわしていく手立てが必要なのです。その手立てを巧みにすることで、収奪型から持続型に転換する可能性があります。

⑸ 蓄える技術と引き出す技術

質的にも量的にも低位の有機物を投入する方法が低投入・持続型農業であり、その裏付けのひとつとして、小松崎先生は、「蓄える技術」と「引き出す技術」という２つの言葉で解説しておられます。「蓄える技術」と「引き出す技術」という言葉は分かりやすいので、ぼくもこれらの用語を借りて考えを説明します。

①蓄える技術

（イ）圃場内部のバイオマス上昇

「蓄える技術」のひとつに、作物残渣の還元があります。作物残渣を有機炭素として土壌中に入れ、土のバイオマスを蓄積、上昇させる。そのために晩生型の大型の作物を作る。作付けの際には、体が大きくなる晩生の作物をできるだけ選択し、収穫後は、その植物体を農地に戻します(図5)。

また、雑草、緑肥、肥料樹(田んぼの真ん中に木を植えるなど)を育てて土

図５　蓄える技術(有機物(バイオマス、Org C)の維持上昇)

（イ）圃場内部のバイオマス上昇
　　作物残渣還元(→晩生・大型の作物)
　　雑草
　　緑肥(肥料樹)
　　輪作／間作／混作など
　　排泄物(人間、家畜）の還元
　　　輪作の原型　イネ科(ムギ)→マメ科(ダイズ)→根菜類(ジャガイモ)
（ロ）外部からのバイオマス投入
　　林地／草地→刈敷・堆肥

cf　C/N 比の例

植物体
　草本　20 ～ 80
　　若い植物・マメ科　20 ～ 30
　　野菜類　40 ～ 60
　　イネ科　若い　30
　　　　　ワラ　60 ～ 80
　木本　200 ～ 400
微生物体　4 ～ 12
　　平均(5 ～ 6)

に戻す方法も、蓄える技術のひとつとして挙げられる。熱帯のタイでは、田んぼの真ん中にマメ科のアカシアを肥料樹とし植えている。圃場で多種多様な作物を育てて、バイオマスを還元する。こうしたひとつひとつの技術を工夫し、できるところから取り入れていくことを提案します。

（ロ）外部からのバイオマス投入

林や草地から草を刈ってきて刈敷・堆肥として畑に入れることも、また大事です。外部からのバイオマスの投入は自然農法的ではないとの考え方もあるが、農地は里山などのまわりの自然に支えられて存在していることをしっかりと認識し、里山など外部の自然から取った草などを刈敷き、自然堆肥などにして有機物を適切に施用することも考えたい。外部からのバイオマスの投入には多様な方法があるので、それをぼくなりに整理します（図6）。

a　投入物として、C/N比が低く、炭素の比率の低い青草を選ぶか、C/N比が高く、炭素の比率の高い枯れ草、枯れ枝、ウッドチップを選ぶか――窒素が高いものを選ぶか炭素が高いものを選ぶかは、目的により異なる。

b　堆肥にするか、そのまま使用するか。

c　敷くのか、鋤き込むのか――方法、目的により異なり、効果も異なる。

これら2×2×2＝8通りの中からどのような方法を選択するか。目的と効果がそれぞれ異なる。自分に必要な目的と効果を考えて、8通りの中から、現場に即して判断する。

CN比が高いもの（炭素比率の高いもの）を堆肥化せずに、敷草として畑などに入れるのは自然農法的で、マイルドだ。土への浸潤性は低く、直接効果

図6　多様なバイオマスの投入方法

①C/N低（青草など）or C/N高（枯れ草、木本など）
②堆肥化 or そのまま
③敷草マルチ型 or 鋤き込み型
　→ 8通りの組み合わせの技術展開
例：C/N高・そのまま・マルチ→自然農法的（マイルド）
　　C/N低・堆肥化・鋤き込み→有機農法的（アグレッシブ）

は出にくいと言えるが、数年後には蓄積の効果が出てくる。

C/N 比が低いもの(窒素比率の高いもの)を堆肥化あるいは鋤き込むと、短期間ではっきりとした効果があるが、蓄積効果はあまり期待できない。刈敷きも状況や目的しだいで、やり方が異なるので、工夫が求められる。

ここで、青草などの利用の際の大切な留意点がある。それは、青草は必ず天日で一干ししてから使うということです。青草は生きているから、そのまま堆積すると呼吸で急激に消耗する。また、大量の水を含んでいるので、そのままでは水分過剰で腐敗の原因となる。したがって、天日で干し、細胞を殺して水分を下げることが必要なのです。

(ハ)不耕起

耕すことで土壌中の有機物は消耗します。有機物を蓄えるには耕さないほうがいい。耕すことで地力は消耗する。小松崎先生はそのことを強調しています。

②引き出す技術

続いて、蓄えた有機物を引き出す技術について説明します(図7)。土壌中に存在するバイオマスとして蓄えた有機物は分解が促進されることにより引き出される。そして、土壌動物や微生物などによりその体内に濃縮され、合成された栄養などを植物が吸収する。耕すことで土の中に酸素が入って、有機物が引き出される。酸素が乏しい状態では微生物の活動は停滞するが、酸素が入ると微生物の活動が活発化し、有機物は分解される。

水の与え方により、土壌水が動き、それが「引き出す」効果に影響する。湿りすぎると微生物の活動は停滞し、ある程度乾かしていくと微生物は活性

図7 「引き出す」技術

有機物(Org. C)の分解促進——>無機化(養分化)
分解者(微生物)の増殖促進
O_2/H_2O/ 温度、条件の設定
耕す　灌水　乾燥

化される。もちろん、乾かしすぎれば生き物の活動は休止する。また、温度は高いほうが分解を促進する。植物の生育に有機物を直接利用したい場合は耕すことが効果的だと、小松崎先生は言っています。有機物を蓄積するには不耕起、利用するには耕起ということになります。

灌水は引き出す技術です。灌水すると植物は伸びる。植物は急激に吸水して膨れた状態になりやすくなる。植物に水をあげると、水を吸うと同時に栄養も吸収する。水をあげると、基本的に植物の成長は進む。恵みの雨が降った後は、みごとに作物が成長し、ついでに雑草も成長する。一晩の雨でも、植物は水と同時に有機物を吸収する。言い換えれば、水をあげると土中の栄養分が収奪されることにもなる。畑作において、灌水はある種の麻薬的な性格もあることに留意すべきです。

だから、土中の有機物の蓄えが少ない場合、灌水に頼った作物栽培では持続性は低下するので、畑作においては灌水して育てるというあり方はできるだけ控えたほうがよいと思われる。水を撒かずとも、植物は与えられた水環境に適応しながら育つのだから、過度に水をあげる必要はありません。

以上、植物は自分の力で育つ、という総括的な話をしました。その自然の原理を応用するのが有機農業であり、自然農法です。大量の堆肥施用や化学肥料施用に依存せずに、持続型農業を実現するためには、自然の摂理を知り、学ぶことが大切です。

植物自身が生産した有機炭素は、植物自身を拡大再生産に導いてきました。有機炭素が鍵を握る物質で、それが土壌生態系を動かしていきます。そのことをしっかりと技術化していく。それが、有機農業、自然農法の、そして低投入持続型農業、無施肥農業のための基本的道筋であると言えます。

湧井義郎氏が担当する
小豆畑守さん（福島県石川町）の
農家調査に同行し、
ハウス内の育苗状況を
調査する著者

2013年6月12日

中村農園（埼玉県桶川市）の
圃場を調査する著者

2013年6月6日

第2章

低投入・持続型農業の作物栽培論

サトイモ(Colocasia esculenta)
サトイモ科

解説

本章は著者の作物栽培概論としてまとめられている。まず資源循環論の骨格が概説され、続いて畑作の農法的特質が整理され、中心的テーマとして「輪作」と「作型」の２つを取り上げて、その技術の原理的意味について詳しく解説し、最後に水田農業と有畜農業についてもそのポイントを指摘している。

ここでは、著者が本章でとくに力をこめて語っている「輪作」と「作型」について、そこでの議論の特質を少し解説してみたい。

「輪作」について著者は、イネ科穀物、マメ類、イモ類(根菜類)を軸に戦略的に作付体系を組み立てる重要性を強調する。そして、その意義を有機物生産、地力維持、耕耘特性、土壌病害対策、雑草抑制などの点から解説している。

輪作論は農法論の重要課題であり、一般の農学では作物栽培学や農業経営学で長く検討され、深められてきた。著者が本章で示した認識は、一般農学に添ったオーソドックスなものである。著者が本章で力をこめて述べているのは、こうした農業の、そして農学の基本が、実際にはほとんど忘れられ、日本における現実の畑作は、地力消耗的な野菜作で埋められてしまっていることへの強い警鐘である。この無頓着は、有機農業や自然農法においても一般の慣行農業とさほど違わないと著者は言う。

「作型」は四季のある日本農業においては「輪作」に並ぶ重要な技術だが、これへの理解も、有機農業、自然農法においても曖昧なままになっている。

作物には、大別して、春に種子を播き秋に収穫する夏作物と、秋に種子を播き春に収穫する冬作物の２パターンがある。作物は、日長や気温などの外部環境の変化をシグナルとして感受し、栄養成長から生殖成長に転換する。そのシグナル感受のあり方は、作物それぞれの生理的特質に基づいている。このような農学の基本点の理解がまず必要だと、著者は強調する。

そのうえで、消費や経営の要請から、いわば季節はずれの作付けも工夫され、さまざまな作型が分化していく。この作型分化を支える不可欠な基本技術として品種改良がある。本章で著者は、有機農業、自然農法の技術的確立にはこうした農学的基礎をふまえることの大切さを強く語っている。

(中島紀一)

1　省エネルギー農業への回帰

持続型農業の条件として、省資源と省エネルギーが挙げられます。農業は本来、資源やエネルギーはあまり使用・消費せず、むしろ資源やエネルギーを生み出す営みでした。太陽エネルギーのデンプンへの転換を中軸においた農業は、エネルギーを生み出す産業だったのに、近代農業においてはエネルギーをたくさん使うようになってしまっている。投入を減らすことができる農業への回帰こそが、長続きする農業、持続型の農業と言えるでしょう。

慣行栽培はエネルギー浪費型の農業です。具体的な例を挙げてみます。

まず、化学肥料。化学肥料に依存する農業は持続的ではない。このことは、すでに20～30年前から証明されてきている。化学肥料は工業的資材であり、基本的には石油から製造される。石油に未来がないことは明らかであり、石油エネルギーとそれを基礎とした工業資材の供給が制限されると、化学肥料は製造できなくなる。石油がなくなれば、化学肥料は製造されなくなる。現代は石油が容易に手に入る時代だけれど、今後、100年、200年も石油の浪費が続けられるわけがない。化学肥料の製造は、石油が枯渇すれば将来的には持続できなくなります。

化学肥料の代表格は硫安と呼ばれる窒素肥料です。空気中には窒素N_2が無尽蔵にある。しかし、空気中にある窒素N_2を植物はそのままでは利用できない。N_2をアンモニア(NH_3)に転換しなければ利用できない。20世紀の初めごろにハーバー・ボッシュ法というN_2を電気的にアンモニアに転換する方法が発明されて、化学肥料(硫安)が大量につくられるようになった。だが、このシステムの運用には膨大な石油エネルギーが必要になる。石油がなくなれば、窒素のアンモニアへの工業的な変換もできなくなる。

人類が今後1～2万年と生き続けていくには、農業を持続させる必要がある。そのためには、工業的資材の制約から逃れる農業を目指す必要があります。

一方、堆肥についてはどう考えればよいでしょうか。少量の堆肥の製造なら、資源としても不安はなく、人力で、石油エネルギーに依存せずできる。ただし、長期的に考えると、堆肥資源の宝庫と考えられてきた里山にも赤信号が出ていると考えざるを得ない。これから何千年にわたって、堆肥づくりに必要な落葉などの資源が十分に確保され続けるかと考えると、疑問だとぼくは考えています。

将来、化学肥料を使用できなくなれば、有機肥料をみんなが使い出すでしょう。すると、みんながその材料欲しさに里山に群がる。そうなった場合、落葉を十分な量確保できるだけの里山が日本列島にあると言えるだろうか。

とりあえず今は、里山はほとんど利用されておらず、ある程度までは確保されるだろうが、将来、たくさんの農家が堆肥づくりに取り組むようになった場合には、里山は必然的に不足してくると思われる。みんながてんでに大量に落葉を集めれば、里山の自然は収奪され、荒れてしまう。里山の資源利用には節度とルールが必要になる。里山から落葉を集める際、手を合わせて、申し訳ないと思って持っていくだけの心構えが必要なのです。

持続性のある里山利用には適切なルールが必要です。里山は適度に利用することでその自然が維持される。里山から落葉を適度な量、収奪することで、二次林の状態で遷移が止まり、雑木林という形態が維持される。しかし、落葉を過剰に収奪し続ければ、里山の土壌は劣悪化し、二次林の里山は活力が失われ、崩壊してしまう。したがって、落葉などの収奪と土壌保全のバランスについては、しっかりと計算して、その範囲でやっていくようにしなければならない。里山からの資源の採取はほどほどにする必要があるということです。

かつての日本には、里山利用について「入会（いりあい）」という地域資源をみんなで上手に使っていく社会的仕組みがあった。それは、落葉などを取りすぎて里山が荒れていくことを防ぐための村の掟でもあった。長期的にみれば、里山の利用と保全のための地域的な合意づくりもこれから考えていくべき課題となる。

里山から草や落葉を採取し、良い堆肥をたくさんつくっていくことは、正解ではある。ただし、里山保全も重要な課題であり、資源採取は無制限に許されるわけではない。歯止めも必要であり、一定の制約があるなかで堆肥づくりを進めていくという考え方が求められている。化学肥料に未来はないが、堆肥も無制限につくれるわけではないということです。

1960 ～ 70 年代ごろの肥料学の教科書を開くと、化学肥料は万能という記載があります。他方で、堆肥をつくるのは結構だが、堆肥の資材は有限なので、農民全員がいっぺんに堆肥をつくると日本の山はハゲ山になってしまうとも記載されています。それは一理あると言えますし、堆肥を持続的につくり続けられるのかどうか冷静に議論するのは正しいと言えます。

世界全体を見渡すとき、第三世界、熱帯地域、アフリカ、南アジアなど、工業力のない地域の農業もあれば、乾燥地帯の植生の貧困な地域もある。逆に、資源が過剰な地域もある。里山に行って、落葉を集めてくることができない地域は世界中にある。豊かな自然に囲まれて暮らしている日本の私たちは、林野資源がすでに欠乏している世界の実情についてもちゃんと知っておく必要があるでしょう。

2　省力農業の展開へ――なるべく手間をかけない

持続型農業技術の２番目のポイントは「省力」です。何かをしない工夫、なるべくいろいろなことをしない工夫、わざわざしない工夫。それらをうまくやっていくことも持続型農業展開の条件です。

わざわざ山に柴刈りに行かなくても、畑の中で土づくりに役立つ有機物を栽培していけば、柴刈りの回数を減らせる。外部からの資源に依存せず、エネルギーにも依存せず、手間暇もかけず、内部から資源を調達することが持続型農業の究極の目標だとも言えます。

放っておくと、畑の土の有機物は消耗して減っていく。慣行栽培からの転換の場合は、土壌の有機物はかなり減って劣悪化してしまっていると考えられるので、まずは良質な堆肥をしっかり施用し、敷草をたっぷり敷き込むなどの取り組みが必要となる。土の中の有機物量を格段と増やしていくことが、まずは課題となるでしょう。

そのうえで、里山などの資源に依存するだけではなく、自分の圃場内からも資源を調達する農業への展開を目指すべきであり、そのためには、有機物の投入だけではなく、田畑の土の生態系を活性化する工夫が必要だ。持続型農業では、ある程度の有機物蓄積を前提として、投入－産出－消耗というワンウェーのあり方ではなく、少しの投入を上手に利用し、土の生態系、物質循環を上手に動かし、活性化し、内からの資源を循環的に生み出していく工夫をしていかなければなりません。

それには第１章で提唱したように、土にスターターとしての有機炭素を適切に入れていくことです。それが土台(起動力)となって土の中の生命(いのち)の循環を創り出し、土壌生態系は活性化されます。

第１章では、有機炭素はスターターとして重要な意義があると述べました。有機炭素は土壌生態系活性化の初発物質であり、その適切な投入は土づくりのスタートだと述べました。ただし、スターターという言葉だけだと、有機炭素の投入は最初だけでいいとの誤解も与えそうです。そこで、活性化させる物質という意味を持たせ、アクティベーターという言葉も考えてみました。

まずは有機物が土にたっぷり含まれている状態をつくり、さらに投入－産出－消耗という流れではなく、土の中での生き物の循環を活性化させていく。そのために良質の堆肥や敷草、カバークロップを栽培し、鋤き込むなどして、土壌動物－カビ－バクテリア、そして雑草なども含めた生命の連鎖を始動し、活性化し、高度に展開させていく。このような有機炭素施用による土壌生態系の活性化を追求していくことが、持続型農業への道だと言えるでしょう。

3　畑作農業の特質

第１章で述べたように、畑は水系から隔離されていて、外部から導かれた水が入ってくることはない。

水田では川から水を引くので、川の上流にある森林から肥沃な水が流れてきて入る。森林と水田はつながっており、水田は森林生態系の一部とも言えます。ところが、畑地は水系から隔離されており、畑地の水の供給源は雨水だけである。畑は周辺の水源から孤立した存在であり、またそのままでは森林からも切り離されている。

畑地は開墾以前の地力、何百年、何千年にわたって森林として貯蓄された地力に依存している。だが、ただ耕作するだけでは、その蓄積は消耗する一方だ。畑地は耕すことで酸化を受け、風雨による表土の流失を受ける。だから、畑作農業では、これら地力の消耗を防ぐことが持続的に農業を営むことにつながります（図8）。

また、作物を畑地で育てると、作物自身が持っている「癖」によって、特定の病気がでるとか、特定の肥料分を吸収するとか、いろいろな変化をその土に与える。すると、その反応で土にも「癖」がでてきて、連作障害などが発生したりする。

水田では、湛水することで「癖」になるようなものが洗い流されるので、「癖」に由来する連作障害や病気は起こりにくい状況にある。しかし畑では、これらの連作障害の原因となるものも溶脱されにくい。畑はこの意味で、水田と比べると農業をするには条件が悪いと認識しておく必要がある。だか

図８　畑地の利用

①畑地の特徴
　イ）水系（森林生態系）からの隔離――→開墾以前の地力（貯金）に依存
　ロ）地力からの消耗
　　　　酸化的――→有機物分解
　ハ）風雨による影響――→表土流失（風蝕／水蝕）
　ニ）生育障害
　　　作物の癖――→土壌の「癖」
　　　　　　　　――→連作障害

②「畑作」とは
　農業――→穀物栽培／家畜飼育
　畑作――→畑地を利用した穀物栽培を主体とした農業

　cf　園芸――→野菜栽培は「庭」における自給的営み

ら、畑作農業にはしっかりとした考え方と知恵が必要なのです。
ここで、「農業の基本形態とは何か」について考えてみましょう。
「農業とは穀物を栽培し、家畜を飼育することである」
これがぼくの原則論です。
畑作の基本は穀物栽培です。ムギ、イモ、マメなども含めた穀物栽培が畑作の基本だ。ところが、現状の畑作は有機農業、自然農法の場合でも、ほとんどが野菜作になってしまっている。ぼくは、野菜栽培は厳密には農業ではないと考えている。野菜栽培は蔬菜園芸であって、厳密に言えば園芸は農業ではない。歴史的にみれば、野菜栽培は裏庭での自給的栽培が基本だったのです。
プロ農家が野菜を大量に作って大都市の不特定多数の消費者向けに出荷していくという今の形の農業が生まれたのは、1960～70年代くらいからです。
日本では、江戸時代ごろから一部の地域で野菜栽培が盛んになります。でも、それは都市近郊の農村のことであり、全国的視野から言えば、野菜は自分で食べるために裏庭で自給栽培するのが基本だった。現在もそうあるべきだとの信念がぼくにはあります。
今の農民は、自分の食べる野菜をどれだけ自分で作っているのでしょうか。現在では農業は専業化して、農家でもあまり野菜を自給しなくなっている。
都市住民でも少し努力し、少し工夫すれば、自分たちが食べる野菜くらい自分で作れる。野菜作りに関しては、できるだけ各人の自給に任せるべきだというのが基本的な方向性だと、ぼくは言いたい。これからは、都市のあり方として市民たちが自分たちで野菜を作ることを復活させていく、それを社会的仕組みとして考えるべきだと、ぼくは考えています。
穀物栽培と家畜飼育には農家として習熟した技術が必要であり、広い土地も必要だから、おもにプロの農民が担当すべきでしょう。素人が小規模に家畜を飼ったり、米や穀物を作ったりするのもいいが、穀物も畜産物も大量に生産する必要があるので、大面積の田畑を利用する穀物栽培と家畜飼育に関しては習熟したプロ農家が実施するのが原則だと言えます。

4　輪作の仕組みと意義

畑作の基本技術は輪作です。畑作とは、穀物を中心にして営んでいく農業であり、その畑作技術の基本は輪作です。

前に述べたように、畑の地力維持には有機炭素の適切な施用が必要です。それは、なるべく圃場内で生産する。外部からの持ち込みは、省資源の原則から見て補助的と考える。外からの大量な持ち込みは初期だけに限定し、それ以降は、圃場内で必要な有機物を作り、足りない分だけ外から堆肥などを持ち込む。また、畑の土を保全し土壌生物を活性化するために敷草などをする。このように有機炭素を圃場内で生産するとなれば、連作ではなく、輪作を導入することが是非とも必要なのです。

輪作では、古今東西、誰でも同じような経験と知恵があります。それは、イネ科、イモ類(根菜類)、マメ科の３点セットを基本とするというものです(図９)。この３つの作物のセットが輪作として優れている点に関しては、さまざまな理由がある。ここでは、有機炭素を圃場内でできるだけ自給していくという視点から、この３点セットの輪作の意義について考えてみます。

イネ科の作物は、ムギ、雑穀、トウモロコシも含め、有機炭素の塊だと言える。ワラ、株、根にはセルロースがしっかりと形成されており、有機炭素の塊です。根は収穫後も土に残るし、膨大なワラも生産されます。

図９　輪作の基本

基本型　イネ科――根菜類――マメ科

イネ科作物　――→有機炭素の生産量大(ワラ・株・根)
　　　　　　　　分解遅い(地力維持)
　　　　　　　　土壌病害に抑制的
マメ科　　　――→窒素固定(根粒菌)
　　　　　　　　――→後作物の初期成育促進
　　　　　　　　クリーニングクロップ
　　　　　　　　――→雑草抑制
イモ類(根菜類)――→深耕

＊地力維持の有機物は圃場内からを中心として、生産外部からの持ち込みは補助的と考える。

農学にはモミワラ比という指標があります。モミとワラの比率のおおよその数値は、作物ごとに計算されている。イネもムギもトウモロコシもイモもマメも、収穫したあとに残る残渣(ワラ)の比率が野菜などと比べると格段に多いのが特徴です。

イネは、ワラにたくさんの利用価値がありました。俵も縄も莚(むしろ)も草履も、ワラ製品だった。草屋根にもワラは大量に使われていた。畳もワラ製品。こうしたワラ製品は、使い終われば堆肥の山に積まれて田畑に戻された。

しかし、こうしたワラ利用がほとんどなくなり、ワラに副産物としての経済価値が失われてからは、ワラ生産は無駄だと位置づけられてしまう。そして、ワラが少ない丈の短い短稈の品種改良が進み、現在ではモミワラ比が1：1くらいになっている。有機農業、自然農法では、ワラは土づくりの重要な資源なので、ワラ比率が高い、少し昔の大型のイネ――多くは晩生――の品種の選択が大切だと思います。

また、イネ科作物の導入によって土壌病害が抑制されるということも栽培学の常識です。

マメ科の作物は、有機物生産だけでなく、大気中の窒素を固定してくれます。根粒菌との共生で、植物自らが手に入れられない窒素(アンモニア)を手に入れてくれる。それは畑の有効な養分として残ります。マメガラも他の作物と比べると窒素含量が高い。さらに、ダイズは昔からクリーニングクロップといわれてきた。よく茎葉が茂るので、株下には光が入らず、雑草を抑制してくれるからです。

ジャガイモやサツマイモなどのイモ類は、収穫時に深く掘ることになる。イモ類は、収穫時には深耕するという効果があると言える。サツマイモの茎葉も栄養価が高く、貴重な有機物資源です。

基本的には、以上の作物の３点セットを上手に組み合わせるのが東西の農民の知恵だった。畑地を利用する場合に、その３点セットの輪作について知っておくことが大事です。

基本は以上です。輪作の実際は地域によって、経営形態によって、さまざまなバリエーションがあります。

北海道は１年１作です。春先５月に種子を播いて、秋に収穫する。

関東では１年２作です。水田は、イネとムギの二毛作が基本となる。

もっと南だと暖かいので、１年３作も可能になる。

１年に１枚の畑に作付けできる回数と選択する作物は、地域によって違ってくる。地域によって輪作体系も変わってくる。

暖かい地方ではさまざまな作物が栽培できるので、無理のない組み合わせが可能で、輪作効果を合理的に使いこなすことができる。それぞれの地域で、その条件を活かして、どのような組み合わせを工夫していくかは農民の楽しみであり、喜びなのです。

関東などでは、ダイズ→ジャガイモ→ムギなど穀物、マメ、ムギを主体として、２年３作という形もあるでしょう。ジャガイモは６月ごろの収穫。その後にムギを入れる場合は夏の期間は空くので、そこに夏草が生える。けれども、この夏草は邪魔者ではなく、有機炭素の貴重な生産者となる。だから、夏草も計算に入れれば２年４作になるわけです。

有機農業、自然農法では、草を邪魔者扱いするのではなく、それを大事にするという考え方が重要です。仮に１年１作だとしても、畑が空いている半年の期間は草が生える。これを土づくりの大切なプロセスと考えていく。雑草の代わりに緑肥の種子を播くことも効果的だろう。夏草は冬作物に、冬草は夏作物に対応する輪作としても位置づけられるということです。

しかし、有機農業、自然農法の現状は野菜中心になっていることが多い。そこに、穀物、マメ、イモの輪作の基本形をどのように取り入れていくのか。できれば、３点セットの輪作のなかに野菜作をうまく組み入れるという形に進みたい。耕作放棄地が各地に広がっている現状をふまえるなら、放棄地を借地するなどして、穀物、マメ、イモなどを導入し、経営における野菜の作付比率を下げていくという方向も有効でしょう。

各地域には優れた伝統的輪作体系がいろいろありました。今は廃れてしまっているが、村の古老たち、当時の農民は、その土地の土地利用や輪作体系のあり方をよくを知っている。それを聞き出してください。素晴らしい知恵が埋もれているにちがいない。

たとえば、３年５作の野菜を組み合わせた畑の輪作。これはぼくのやり方です。そのほかにもいろいろなやり方がある。３年に１回、４年に１回でもいいから、輪作体系の中にイネ科やマメ科を入れる。この輪作の基本形を理解し、実際の自分の経営内容を考えてほしいと思います。

野菜だけの作付けは、農業としてはきわめて奇形的と考えるべきでしょう。野菜中心となっている一般の有機農業のあり方に、ぼくは以前から強い不満がありました。どこからか堆肥を持ってきて、もっぱら野菜を作るというのが、有機農業の普通の姿となってしまっている。こういう有機農業は農業ではなく園芸だ、しかも歪んだ園芸だ、とぼくは言ってきた。それは農業としては奇形的である、と批判してきました。園芸には園芸の論理と道筋があるとは思うが、それと農業との間には大きな違いがあるのです。

野菜は、有機炭素は少ししか生産しない。野菜のくずも水分が多く、セルロースがしっかり形成されていないから、すぐに腐ってなくなってしまう。キャベツの外葉はたくさん残るが、どんどん腐ってあっという間になくなってしまう。野菜のくずは、腐植として蓄積することがなく、あとに残らない。何もあとには残らないものばかり作ると、土地は消耗するばかりです。

作物ごとのおおよその炭素率(C／N率)はわかっています。目的と用途に応じて、炭素率などにも注意して作物を選ぶ必要があるでしょう。経営のなかにいろいろな作物を取り入れるだけでなく、炭素率なども考慮して、一枚の畑に、年ごとに時期ごとに、いろいろな作物を作っていく工夫が必要です。

5　作型の選択

作型の問題も重要です。農業生物学の視点から作型について解説します。作型とは簡単にいうと、いつ種子を播いて、いつ収穫するか、ということです。

まず、作物の一生について植物学の視点から解説します。**図 10** を見てください。横軸は時間、縦軸は植物１個体の重さです。最初に種子を播く。発芽してしばらくは、成長に時間がかかる。やがて成長のスピードは増して花が咲き、種子を実らせて、死ぬ。これが一年生植物の典型的な生育パターンです。樹木のような永年性の作物は別のパターンとなります。

①栄養成長期と生殖成長期

こうした一年生植物の一生は、①栄養成長期と②生殖成長期の２つの時期に区分されます。一年生植物の一生の前半には、栄養成長期がある。芽が伸びて、葉、茎が増え、体を作り、成長(繁茂)する。しかし、あるときを境に、②生殖成長期、すなわち子実作りの段階に入る。①と②を分かつ境目、その転換が花芽分化です。それまで芽や葉を作っていた成長点が、あるシグナル(環境からの合図)で、葉芽を作ることをやめて花芽の形成へと転じます。劇的な変化です。

茎の先端部には成長点があり、そこで細胞分裂し、茎が伸びる。栄養成長期は、成長点で葉芽が作られていく。それが、あるシグナルで一転して生殖成長期に入る。成長点では、葉ではなく、花芽ができるようになる。花芽が分化すると、花芽は成長して、雌しべや雄しべなどができる。雄しべの中には花粉が作られる。こうして花芽は花となって開花します。

植物の成長を考える場合、どの季節に、どのタイミングで花が咲くかがとても大事です。そこには植物種の特性と作物品種の特性が関係しています。とくに自家採種する農家は、そのタイミングをきちんと把握することが不可欠でしょう。

図 10　植物の生育(栄養成長から生殖生長へ)

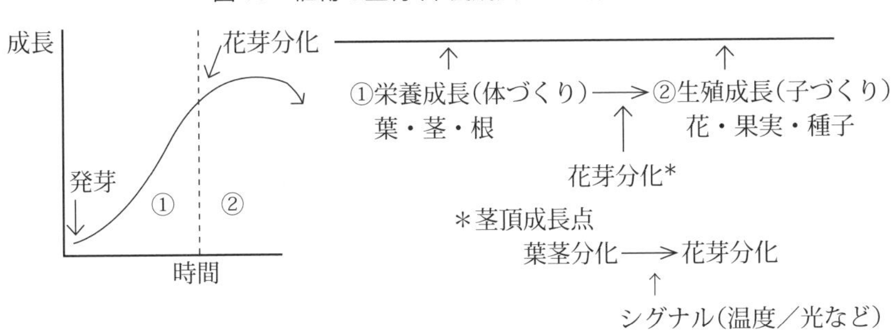

②有限花序と無限花序

花芽分化への転換には、シグナルが必要です。環境からのシグナルをキャッチして、植物はいよいよ花芽を作る段階がきたことを判断する。そのシグナルの基本は温度と光の２種類。シグナルとして両方を必要とする植物、片方だけ必要な植物がある。なかには、その他のシグナルを必要とする植物もあります。

たとえばヒマワリ。ぼくはヒマワリが好きです。春に播いた種子が発芽して栄養成長が進行すると、あるとき先端部、頂芽が花芽に分化する。これが典型的なパターンです。ヒマワリは栄養成長と生殖成長とがはっきりと分かれている。ヒマワリやイネ科作物はこうしたパターンで、これらを有限花序の植物といいます(図11)。

一方、アサガオ、ダイズ、エンドウ、ナス科作物、ウリ科作物などは成長しながら、同時に花が咲く。花芽分化のシグナルを受け取ると、側芽に花が咲いていく。頂芽は栄養成長し伸び続けながら、同時に側芽には花が咲く。このパターンの植物を無限花序の植物という。こうした植物では、栄養成長と生殖成長が同時進行します(図11)。

このように有限花序と無限花序の２つのパターンがあるが、花芽分化の始まりにはいずれもシグナルの感受が必要です。

図 11　有限花序の植物と無限花序の植物

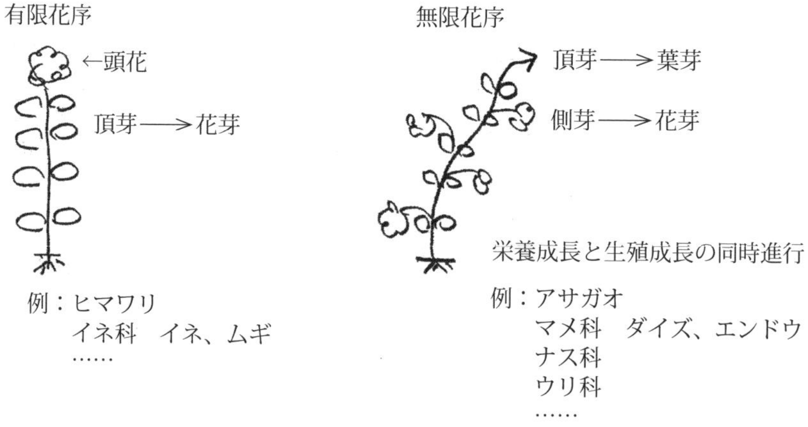

有限花序

←頭花

頂芽——>花芽

例：ヒマワリ
イネ科　イネ、ムギ
……

無限花序

頂芽——>葉芽

側芽——>花芽

栄養成長と生殖成長の同時進行

例：アサガオ
マメ科　ダイズ、エンドウ
ナス科
ウリ科
……

③越冬作物・夏作物・中性作物

作物の作型(いつ種子を播き、いつ収穫するか)を考えるとき、生殖成長への転換、いつ花が咲くかがポイントです。花芽分化のシグナルへの対応で、作物は３つのグループに分けられます(図12)。

まず越冬作物です。越冬する作物は、秋の初めに種子を播き、小さい状態で冬を越し、早春から急速な成長を開始し、まもなく花芽が分化して花が咲く。こうした越冬作物の場合には、シグナルとしては、低温と長日条件の両方が必要です。ある期間に低い温度にさらされ、春を迎えて長日条件にさらされる。そうすると、花芽を作る。これらのグループは、低温にさらされないと花は咲かない。これを低温感受性と言う。たとえば温室の中のようなずっと暖かいところで成育させると、春になっても花芽ができない。長日と低温の両方のシグナルが必要だからです。

２つ目はイネやダイズなどの夏作物です。成長期間の一定の温度蓄積(積算温度)と、短日になる(秋になる)ことの二つが、シグナルとなる。イネやダイズは、温度と短日をシグナルとして花芽分化を始めます。

３つ目は夏の果菜類などの中性作物です。これらは、短日や長日などの日長条件には関係なく、温度(おもに積算温度)によって、花芽分化がコントロールされる。一定の温度以上になれば、花芽が分化する。だからナスやトマトなどは、温度さえあれば一年中花が咲くのです。

以上のように花芽分化については、大まかに言って作物は３つのグループに分けられます。いつ、どういうシグナルで花芽をつけるか。詳細に語ればこれからはずれるバリエーションもありますが、おおまかにはこの３通りです。

図12　作物の花芽分化――３つのグループ

イ）越冬作物(→低温／長日)
　　例：ムギ、アブラナ科、タマネギ、エンドウ……
ロ）夏作物(→高温／短日)
　　例：イネ、ダイズ……
ハ）中性作物(→温度)
　　例：ナス科(ナス、トマト……)、ウリ科(キュウリ……)

④作型と品種の分化

以上のことを念頭において、作型の話をします。

作型とは、いつ種子を播き、いつ収穫するかということです。作物には、それぞれ生理的に決まったパターンがある。ところが、栽培の都合、あるいは消費の必要から、そのパターンとは少しずつずれた時期の栽培をしたくなる。その場合には、花芽分化のシグナルへの反応が少しずつ遺伝的に異なる品種を探したり、畑を選んで被覆をしたりするなどして花芽分化の気温面のシグナルを操作するなど、少しずつ季節はずれの時期の栽培を工夫していきます。

現実の作型には、たいへん大きな多様性がある。しかし、輪作に基本形があるのと同様に、作型にも当然ながら基本形がある。野菜にはそれぞれ種類ごとに、遺伝的に決まった独自の作型的な生育パターンがあるのです。

基本型がまずあって、品種改良でさまざまな作型が改良され、作物が改良され、多様な品種分化ができてきた。それは人間の知恵です。たとえばダイコンは、初秋に種子を播き、秋に成長して、寒さの冬を越し、春先の日長を感じて抽苔(花軸の茎が伸び)し、花が咲き、初夏には実を結ぶというのが基本形だ。だが、現在では作型の工夫によって、春夏秋冬どの時期にも、それなりに美味しいダイコンが食べられるようになっている。特定の時期にしかできなかったダイコンが、どの時期にでも栽培できるようになった。

ダイコンには実にさまざまな品種があります。それらの品種特性を丁寧に理解する。なぜ、その品種特性が注目され選抜されてきたのか、どういう理由で品種特性が選ばれたかをよく理解し、それぞれの品種にふさわしい扱いをすることが、自家採種の基本的作法となる。作物ごとの成長の基本型を理解し、そこからはずれていく作型のあり方を理解し、それぞれの特徴を尊重するのが、過去の先人の努力に対する今の農民のマナーだと思います。

葉菜類の場合(蕾や花を食べるブロッコリーやナバナなどを除いては)、抽苔し、花が咲いてしまったら、おしまいです。キャベツも抽苔すると困る。こういう場合には、抽苔する性質をどれだけ抑制するかが品種改良の見せどころとなります。

タマネギも、抽苔すると鱗茎が美味しくなくなるので困る。タマネギは２年生の植物なので、１年目は結球して、２年目に抽苔する。抽苔すると結球の栄養分が抽苔、花、種子のほうに行ってしまう。普通は１年目は抽苔しないが、なかには抽苔してしまう株もでてくる。そこで、抽苔する株を淘汰して、品種改良してきました。

ナスやトマトは夏の暑さを受けて花が咲く。暑くないと、花が咲かない。冬にナスやトマトを栽培しようとする場合には、ビニールハウスなどの施設に入れ、暖房して加温し、花芽をつけさせます。

花芽をつけさせるのか、抑制させるのかは、野菜の種類や目的により異なる。今では、この点が野菜の育種、品種改良の最大のポイントとなってきました。

アブラナ科の野菜について少し詳しく説明します。アブラナ科の野菜は、３つの基本タイプの中では越冬野菜タイプに属し、花芽分化には低温と長日が必要。シグナルが片方だけでは花芽分化しません。

アブラナ科の野菜にはたくさんの種類があり、遺伝的な特性から、キャベツ型、ダイコン型、タカナ・カラシナ型の３群に分かれます（表２）。

まずキャベツ型です。このグループは、低温と長日の条件を感受して花芽がつく。加えてキャベツは、ある程度大きくないと、低温にさらしてもシグナルに反応しないという特性を持っている。したがって、秋に苗を大きく育ててしまうと早春から抽苔してしまうことがある。逆に、冬になる前の成育を抑制し、葉が少ないままに冬の低温にさらすと、花芽分化しないので春キャベツとして楽しめる。

表２　アブラナ科の３群

	基本栄養成長相	感温相（低温）	感光相（長日）	アブラナ科以外の代表的野菜
キャベツ型	○	○	○	ニンジン、ゴボウ、レタス、セロリ、タマネギ……
ダイコン型	×	○	○	カブ、ハクサイ、エンドウ、ムギ……
タカナ・カラシナ型	×	×	○	

花芽分化のためにはある程度の栄養成長が必要だという性質を、基本栄養成長性と呼びます。イネやムギは基本栄養成長性が明確で、ある程度大きく育たないと、高温・短日になっても花芽分化しないという性質がある。

キャベツの場合も同様で、基本栄養成長期に十分な葉数を確保し、低温にさらされ、長日を感受して、花芽分化が起きる。以前は、本葉5～6枚を超えて越冬させると花芽がついてしまうのが基本だったが、最近はさらに品種改良されて、本葉5～6枚で越冬しても花芽がつかない品種もでてきている。ニンジン、ゴボウ、レタス、セロリ、タマネギもこのタイプです。

ダイコンには基本栄養成長性がないと言われています。小さくても、低温・長日で花芽分化する。カブ、ハクサイ、エンドウ、ムギなどもこれに該当する。種子で越冬しても、長日で花芽分化する。

タカナ、カラシナ類は、長日だけで花芽分化する。

作型を理解するには、基本型をまず理解することです。原産地、どういう性質だったか、どういう経緯で日本にきたのか、どのように品種改良されたかを調べる。自分が大事にする作物に関しては、それらを調べます。

ダイコンを例にさらに詳しく説明します。ダイコンの原産地は、小アジア(今のトルコ)の乾燥地帯です。それがヨーロッパに伝播して育成されたのがハツカダイコン。日本に伝来してからも、さまざまな品種改良が重ねられてきました。

ダイコンは、夏に暑すぎると成長阻害が起きる。ダイコン栽培の基本は、夏遅く、初秋に種子を播き、年内に収穫する。寒さにあたらないので、花が咲く前に収穫できる。これがダイコン栽培の基本型です。夏遅く播いて、年内収穫。これが秋ダイコンです。

しかし、ダイコンは日本人の食卓に欠かせない野菜なので、夏ダイコン、春ダイコンなどいろいろな品種改良がされてきた(図13)。

秋播きの春ダイコンは、低温・長日で花芽ができにくいものを選抜しており、二年子大根はその代表例です。

春播きの夏ダイコンは、暑さに強いもの(耐暑性)を選抜しており、時なし大根、みの早生大根などが該当します。

図13　ダイコンの作型

{ ㊍ ──→ 成長阻害
{ ㊇ ──→ 成長停止(→花芽分化→抽苔)
──→ ㊎ 栽培が最適(基本型)
──→ { 夏ダイコン(→暑さに強い)
{ 春ダイコン(→抽苔しにくい)

秋ダイコン(夏→秋遅く収穫)(→低温期以前に収穫)
宮重(生ダイコン)／　練馬(漬物用)

春ダイコン(秋→春収穫)(→低温期に成長→非抽苔型選抜)
二年子　／　亀戸

夏ダイコン(春→夏収穫)(→対暑性選抜)
時なし　／　みの早生

ですからダイコンの場合には、同じ畑で異なるタイプの品種を栽培して採種しないことが重要です。そんなことをすると交雑が起こり、品種特性が失われてしまいます。

次に、キャベツについても少し詳しく説明します。キャベツは欧州で品種改良され、アメリカを通り、近代以後、日本に伝来してきました。

キャベツ栽培には、日本の夏は暑すぎる、冬は寒すぎる、春は抽苔してしまうという難しさがあるので、日本のキャベツ栽培は秋播きが基本であり、越冬して翌年春おそくに収穫する。さらに越冬させ、早春から成長させて春早々に収穫するという作型(春キャベツ)もある。寒い時期に大苗で越冬させると春には花芽分化してしまうので、育種して、大苗でも花芽分化しない品種改良がなされ、選抜されてきた。「四季取り」という最近のキャベツは、なかなか花が咲かないように品種改良されている。

夏涼しい北海道では、4月に播いて10月に収穫する。1年1作です。暖かい地方では、夏播きとなる。ただし、寒さに当たると、2月ごろに抽苔して裂球してしまう。キャベツは、外葉で低温のシグナルを受けている(図14)。

キャベツの自家採種には独自の難しさがあります。交雑しなくても、自家採種すると遺伝的分離が起こるからです。その分離によって、不結球性の株

図14　キャベツの作型

夏──＞暑すぎる
冬──＞寒すぎる──＞秋播きが基本型
　　　　　　　　　　　──＞5～6月収穫
春──＞抽苔
幼苗期の低温──＞抽苔(→大苗低温感応型)
　　　　　　──＞選抜(→ダイコンで言えば、時なし型)
春播き　北海道(夏冷涼)
　　　　4月──＞10月収穫　＊幼苗期の低温(→抽苔)
夏播き　暖地(冬期温暖)
　　　　──＞秋播きより早く収穫　＊収穫期の低温
　　　　　　　　　　　　　　　　2月ごろ抽苔(→裂球)
自家採種の注意
　──＞抽苔性への退化(→分離)
　──＞不断の選抜が必要

もでてきてしまう。先人たちは、そこから結球性の良いものを選抜してきた。だから、自家採種する場合には結球したもののみから採種しないと、結球性が維持できないのです。

⑤4つの提言

以上、畑地の利用について説明してきました。ぼくの提言のポイントは次の4つです。

①圃場内部での循環性を高めつつ、有機炭素を補充する方法を重視する。

②イネ科、マメ科、イモ類を取り入れ、輪作を上手に取り入れる。

③野菜では作型がさまざまに分化したので、作型分化のいきさつと仕組みを調べ、有機農業、自然農法ではどの作型が望ましいか判断する。

④自家採種にあたっては、品種分化の歴史をよく知ったうえで、品種特性を尊重して、採種する。

6　水田農業

前にも述べたように、水田は上流の森林生態系とつながっています。だから、極端な多収を望まなければ、低投入でも収穫の持続性は保証されている。水田農業は世界的に見ても類例のない優れた農業技術体系です。農民は水田農業の特質を活かして、水田の裏作や田畑輪換（３年くらいごとに水田を畑利用に切り替える）を工夫してきた。それが伝統的な水田農業です。

水田裏作（二毛作）では、稲刈り後にムギやナタネを播く。

田畑輪換（転作）では、イネを作っていた水田をしばらく畑の状態にして、別の畑作のものを植える。

水田裏作や田畑輪換（畑物の転作）によって、水田農業を豊かにしてきました。日本の優れた伝統技術です。

ムギやナタネは普通は畑で栽培しますが、水田裏作では畑よりうまく栽培できる。上流から水と栄養が入ってくる水田の力によるものです。水田という場所で、イネ以外に畑作物を作ることは、畑としても森林生態系とつなげることになる。畑地として水田を利用しても、水田は水系とつながっているのだから、この畑地を再び水田に戻すことも可能なわけです。

田畑輪換はたとえば３年間米を作り、３年間畑状態でイネ以外の作物を栽培するというやり方です。こうすると畑作物の連作障害も解消されます。水田にはこれを実施するだけの値打ちがあります。

7　有畜農業

本章の最後に、有畜化の可能性、農業に家畜を導入する豊かさを説明します。

日本の有機農業では、1970年代の出発ごろは有畜複合農業が強調されてきました。しかし、現状の有機農業の多くは、慣行の畜産専業農家から畜糞をもらってきて堆肥として畑に入れるだけで、畜産の複合経営に取り組む例はわずかしかない。また、自然農法では、畜産、畜糞利用を忌避することがしばしば見受けられますが、有機農業農家も自然農法農家も菜食主義の方はわずかで、多くは畜産物を美味しく食べている。冷静に考えてみれば、おかしなことです。

有機農業、自然農法の多くの現場に、家畜はいない。「あなたがたは、自分の食べている肉はどうやって作るのですか」と問いたくなります。堆肥は植物質の自然堆肥のみ、動物質の堆肥はやりませんという主張。輸入穀物に依存した日本の畜産の現状を考えれば、この考え方に肯けるところもあるが、農業の文化と食の文化は一体のはずである。そうでなければ、社会的に大きな問題が発生する。風土にふさわしい農と食のスタイルがあって、それが結び合って、それぞれの地域の風土的文化を形成してきたわけですから。

自然農法の生産者を訪ねると、自給的にニワトリを飼っている方と出会うこともある。少羽数のニワトリはくず米やくず野菜だけでも飼えて、美味しい安全な卵を食べられる。もっと多くの人が取り組んだらよいと思う。しかし、飼育の現場をのぞくと、ほとんどどこでも飼い方がとても下手です。自然の摂理を活かして大切に飼われてはいないように見受けられる。作物に想いをこめているように、家畜家禽にも思いをこめてほしい。

ぼくは、鶏糞は大事な肥料と考えています。それを発酵させ、堆肥にして、畑に戻す。これが有機農業的なニワトリの飼い方だと考えている。

一年中、野草に依存してニワトリの餌をまかなうのは大変です。そこで、一定規模以上のニワトリの緑餌のためには牧草栽培が必要になる。せっかく手に入れた鶏糞を田畑に戻すことが嫌なら、牧草畑に施用してみたらどうだろう。冬にもよく育つイネ科牧草イタリアンライグラスなどを播いて、そこをニワトリの放牧地とするというあり方はどうだろうか。そして、その放牧地で、数年後に野菜を栽培し、その数年後に畑地にするのだ。家畜生産のための畑を野菜生産に転換するのも、ひとつの方法だと思う。牧草地→野菜畑という輪換です。

ニワトリから始めて、ブタ、ウシでそのやり方を試してみるのはどうでしょう。動物質堆肥の施用は忌避するけれど、安全な畜産物を美味しく食べたいと思っている自然農法家には、放牧地野菜畑輪換というあり方を提案します。

第3章

植物の環境への適応

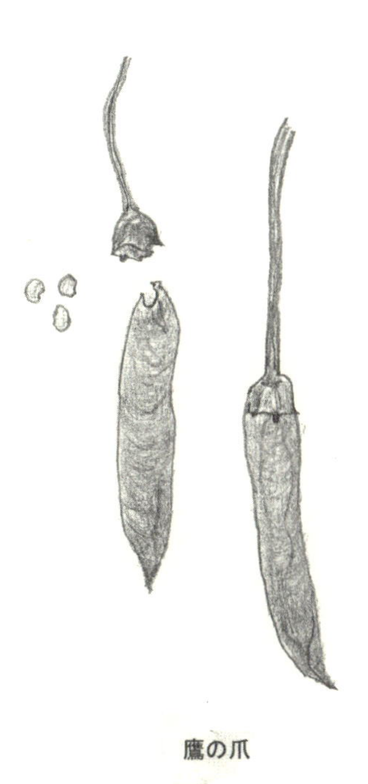

鷹の爪

トウガラシ（Capsicum annuum Var.conoides）

ナス科

解説

本章は著者の農業生物学特別講義とでも言うべき章で、自然農法が提唱する連作主義と自家採種主義を素材として、著者の農業生物学のオリジナルな見解が縦横に展開されている。本書における著者の実に優れたオリジナリティが本章で集中的に示されており、ここに明峯農学の新展開があると言えるだろう。

著者は、農業生物学(農業植物学)の核心は植物の「環境応答能力」にあるとかねてから主張してきた。本章では、連作主義の提起に触発されて、著者の「植物の環境応答能力」論が、新しく深く、広く展開されている。

議論はまず、「植物は動かない」という自明の命題から始められる。植物は動かないからこそ、与えられた環境に身をすり寄せ、自分を変え、融通無碍にも見えるさまざまな生き方がつくられていく。著者は植物のこのあり方を「植物の環境応答能力」として重視し、独自の農業生物学を構築してきた。

著者はこれまでは、動かない植物だからこそ植物には幅広い環境応答能力が備わってきたのだと述べてきた。だが、本章では、むしろだからこそ、植物は動くことへの強い衝動を持っており、固定された場からの脱出の道もさまざまに模索されている、という場面へ議論を大きく広げている。

さらに、自殖、他殖の繁殖論、種子の伝播などの現象にも、「定着」と「脱出」の双方の契機がこめられていると弁証法的に語り説く。遺伝子の多様性、適度な雑種性などにもかかわる繁殖論を、現象論としてだけでなく原理論に則して、このようにみごとに解説し得たのは、おそらく著者のこの文章だけだろう。

その語りの途中では、自家採種の技術についての独特な、しかしきわめて原理的な解説も加えられ、自家採種の取り組みの素晴らしさと、現実の行き詰まりの技術的理由などが解明されている。

本章の最後では、植物の環境応答能力は、同時に環境への働きかけとしても作用し、植物もなじみやすい環境形成へと展開すると述べる。そして、「ある空間を分け合う多様な生物たちが、土をめぐって、お互いになじみ合う、その世界が田畑につくられていく」という展望の提起で、本章は自然の弁証法が技術の弁証法として結ばれている。　(中島紀一)

連作に積極的意味？

ぼくは連作に積極的意味があるなどとは考えたこともなかった。連作はよくないことで、普通は避けるのが一般原則だと考えてきた。作物学や栽培学の教科書にも、畑作では連作を避けるべきだと書いてある。しかし、よく考えてみれば、本当にそうなのか立ち入った議論や検証はされてこなかった。

一方、自然農法を提唱した岡田茂吉氏は、連作は農の道に添うあり方だと説いており、自然農法の実践者たちも連作に挑戦してきた。しかし、ぼくの見るところ、連作主義の実践はまだ成功しているとは言えないように思われる。農家の実際としても、ある程度柔軟に対応している場合も少なくないようで、連作一本槍というわけでもないようです。

自然農法のこの問題提起は、ぼくの農業生物学にとってたいへん興味深く、ぼくにはこの問題について農業生物学の視点からきちんと原理的にコメントしていく責任がある。ただし、なかなか難問だ。いろいろ考えてみて、あるとき閃いたことがあります。以下、その閃きにそって説明します。

1　植物は「不動」の存在か？——止まりつつ動く植物の二面性

植物は動かない。この自明のようにも思える命題から議論を始めます。

植物は動く必要がないから動かない。本当は動きたいけど動けないのではない。植物は動く必要がない、だから動かないのだと理解すると、議論の先が見えてくる。

(1)　環境応答能力を発揮する

植物は動かない。芽を出して根付けば、そこで生き続けていく。

植物は環境を選べない。芽を出して根付けば、そこから動かない。環境がその植物にとってベストかどうかにかかわらず、植物は動かない。

植物は環境に適応して生きるし、生きていく力がある。ぼくは、植物のそうした能力を環境応答能力と呼んできた。これは一般の人にはポピュラーな言い方ではないが、植物を理解していくうえでとても大事な概念だと考えている。

植物は環境を選べないので、環境に身をすり寄せ、自分を変えていく。環境に適応できるように自分自身を変えていく。植物はそれぞれの与えられた環境にいろいろな方向で適応しつつ、融通無碍な生き方をしてきた。融通無碍。これはいい日本語だ。自由自在に、特別にこだわることなく、自分自身を変えていく。それが融通無碍です。

動物にも環境応答能力がまったくないわけではないが、その能力は植物よりずっと低い。身をすり寄せるより、移動して環境を選ぼうとする。暑ければ涼しいところに行くし、涼しすぎれば暖かいところに行こうとする。人間を含めて動物は、好ましい環境に移動することで環境をある程度選択できる。

しかし、動かない植物は動く動物と違って、環境に応じて自分の形を変幻自在に変える。水があまりなくても、土が乾いていても、乾いているなりに、根を伸ばし、身体を育てる。植物の生き方には変幻自在なところがある。植物にこの能力があるからこそ農業があり得る。農業という営みが成り立つのだと思われます。

⑵　動かない植物が脱出する

ここでは、まず環境によって植物は形を変えることを、メヒシバ、ツユクサ、スベリヒユなどの耕地雑草を例にして説明します（図15）。

メヒシバはイネ科の雑草です。ダイズ畑のような密生した群落の中では、真っ直ぐ立って育つが、ちょっと広い場所では匍匐（ほふく）して育つ。広いところでは匍匐し、狭いところでは直立する。これが同じ植物かと思うくらい、形が違う。

匍匐すると、葉の出る各節が土に接して、節から根が出る。こういう根を不定根と呼ぶ。直立の場合は根は１つだから、根のまわりの土しか利用できない。そこからしか水分や養分を吸収できない。ところが、匍匐型の場合にはたくさんの根が生じていて、水分も養分も広い範囲から利用できる。匍匐型の場合、四方八方に匍匐する。それぞれに発生する根（不定根）は膨大な数

図15　耕地雑草の形

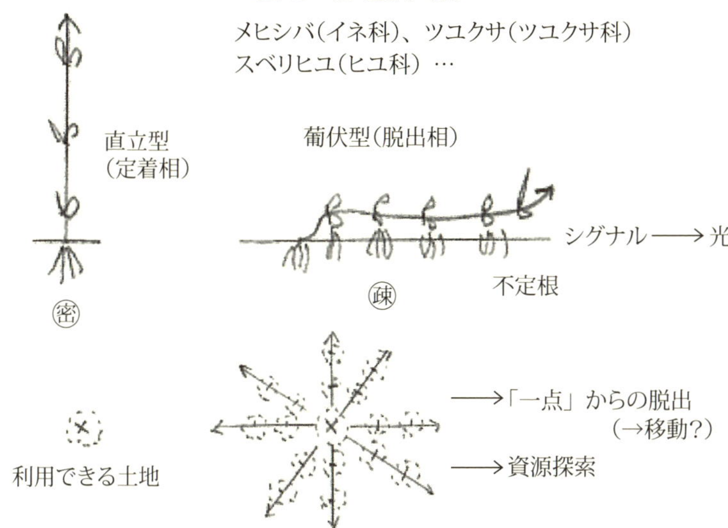

になる。だから、利用できる土地の広さや資源の量は桁違いに多くなる。

直立型の場合は、一点だけのわずかな土で生きる。ここに連作のひとつのモデルがあるようにも思われます。

一方、匍匐型の場合、利用できる地面が拡がる。これは一点からの脱出と考えられる。なぜ脱出しようとするのか。利用できる資源がまわりにたくさんあるからだ。なるべく多くの資源から選ぼうとするのも植物の本性のひとつであり、一点に止まって生きる動かない植物も、可能性があるときにはそこからの脱出を図ろうとするのです。

植物は動かない。それを前提にして植物は理解できますが、それだけでは植物全体は理解できない。動かないからこそ、ある一点から脱出しようとする衝動が非常に強いのが植物です。定着しているからこそ、逃げ出そうともする。植物には二面性があり、その二面は矛盾している。そのことが理解できないと、植物は理解できない。植物は止まりつつ動く。止まっているけど、動こうとして、現に動く。

連作論を原理的に解明していく糸口がここにあると、ある晩に閃きました。では、この移動の衝動を併せ持つ植物はどのように動くのだろう。

まず、花粉を飛ばします。そして、種子を飛ばす。

どうやって種子を遠くに移動させるのか。ドングリならころがる。他の植物なら風に乗る。川や海の流れに身を任せる。動物の体にくっつく。食べられる……。あの手この手で、植物は移住しようとする。植物は命をかけて、その戦略を張りめぐらします。

植物には海を渡る能力もある。動物より海を渡る能力にはるかに長けている。鳥は海を渡れるが、ほ乳類は難しい。ほ乳類は、何十キロもの距離が海にあったら、もう渡ることはできない。一方、植物は種子が風で飛ぶ。鳥に食べられる。うんちとなって地面に落ちる。こうした方法で、簡単に海を乗り越えられる。次の世代を遠くに運ぶ方法です。

メヒシバは地表を這う。それを人間がロータリーで切断する。切断されたメヒシバの茎は、多くが一つ一つ個体として生き残る。むしろ個体は増える。切断しても、根がついているから増えるのです。

樹木のような多年生植物は容易には動かないが、根の広がりで動くとも言える。樹木そのものは根を伸ばすことで一点からの脱出を図る。土の中で大木は根を伸ばす。根の先端は四方に向かって10メートル以上も伸びている。木は一点に固定されているが、根は相当遠くまで、あるいは深くまで脱出している。それによって、利用する資源を広く深く探っていると理解できます（校訂者注：タケなどのイネ科植物は匍匐茎で生育地を拡張していく種類がたくさんある）。

多年生の草には、根で越冬する種類があります。作物では、サトイモ、タマネギ、ネギなど。ニンニクもその例です。ニンニクを観察してみました（図16）。

ニンニクの芽を植物学的には珠芽と呼ぶ。膨らんでいるところが珠芽です。珠芽の中には小さなニンニクの球が入っている。それは小指の先より小さいけれど、ニンニクの匂いがするので、まごうことなく小さなニンニクの球です。

ぼくはこれを播いてみました。そうすると、芽が出た。育つとある程度球は大きくなり、芽が出て、葉が出て、枯れた。その冬は休眠。翌年、成長を

図16　ニンニクの珠芽形成（→地上への脱出）

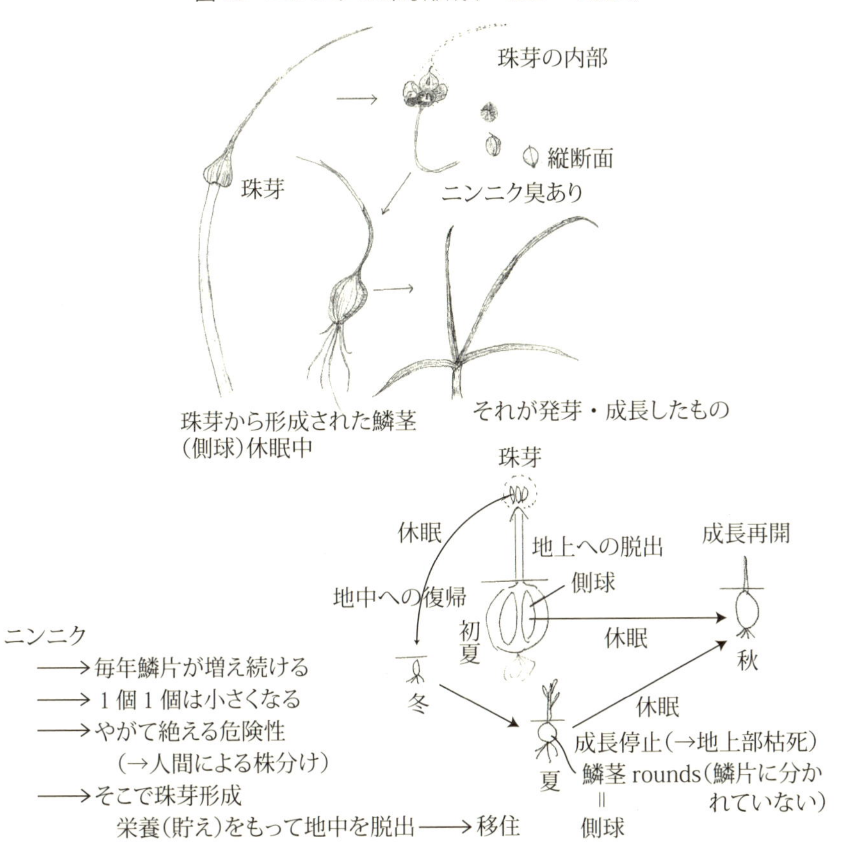

再開し、また葉が伸びてきた。

ニンニクは基本的には、側球が分かれての繁殖です。そのために根は太っているのに、なぜそれに加えてミニチュアの珠芽があるのか。無駄のように見えるけれど、なぜなのか。ニンニクの身になって考えてみた。

ニンニクは毎年鱗茎部分が側球として分かれて増殖する。しかし、これだけだと１カ所にとどまることになるし、ここで世代を重ねていくと１個１個はだんだん小さくなっていく。これはある種の連作障害的現象です。自然のままにすると、やがて絶えてしまう危険性がある。栽培の場合には人間が掘り起こし、側球を別の場所に植え直すので、絶えることはないが……。人間がそれをしない場合、ニンニクは珠芽を作ることによって自力で地上への脱出を図るのだと思われます。ニンニクの珠芽はまるでエレベーターのように近くの地上へと脱出する。

ニンニクのような多年生作物を放置すると、だんだん勢力が衰え、小さくなる。放置が続くと最後には消えてしまう。それを知っているのか、ニンニクは毎年珠芽を形成し、地上にいったん脱出させ、親元から数センチ離れたところに珠芽を落とす。

一年生の植物は不定根で脱出する。大木は根が何十メートルも伸びて脱出する。ニンニクのような多年生は珠芽で脱出を試みる。このように考えられます。

動かない植物は、よく観察すれば、定着、脱出、定着、脱出、定着を繰り返している。脱出は飛躍です。植物は安定しつつ、飛躍を求めるのです(図17)。

図17　植物の２面性
――止まりつつ動く

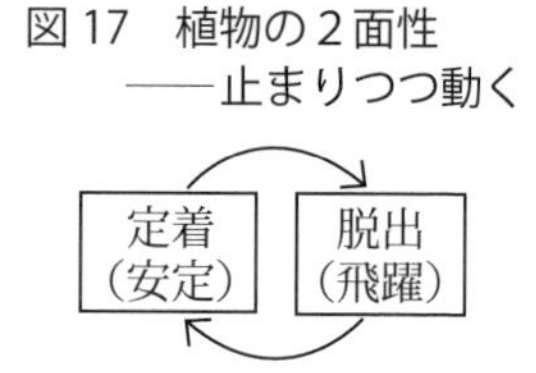

「脱出」――→植物が進化する動機

なぜ、植物には脱出への衝動があるのでしょう。連作障害を避けることもあるだろうが、それよりも、植物の進化への戦略だからだと思われる。脱出で、未知の新しい環境に挑む。うまく新しい環境に適応できれば、植物は変化でき、それは進化へとつながる。もし植物が一点に定着して甘んじているだけだとすれば、進化する必然性も動機もなくなってしまう。脱出、飛躍への衝動が強くあるがゆえに、植物は進化の動機が得られる。

新生代に入ってから今日までの数千万年の間に、作物もふくめて被子植物は多様に進化してきた。基本的には、それは環境への適応の過程だったと思われる。そうした進化のなかで、イネ、ダイズ、ムギ、ジャガイモなどの作物ができてきた。これらの植物が進化する動機は脱出への衝動にあったと思うのです。

⑶　遺伝子の多様性を確保する

脱出が進化につながるということの背景には、遺伝子の多様性があります。遺伝子の多様性は、２つのレベルで考えなくてはならない。①個体レベルと②集団レベルです。

①個体レベルの遺伝子多様性

どの植物も、１万〜２万種類の遺伝子を持っています。人間も同様で、遺伝子の数は人間も植物もあまり変わらない。ここで大事なことは、その１万種類の遺伝子が常に動くのではなく、多くの遺伝子は眠っていて、生きていく必要に応じて、必要な遺伝子だけが動いているということです。１万種類の遺伝子のうち、数百種類だけが動く。残りの遺伝子は眠っている。これは大事なことです。

一生動かない遺伝子は、いくらでもあります。何のために遺伝子をたくさん持っているのか。不思議なことです。

実は、植物は遺伝子の多様性を持っているからこそ生きていくことができる。寒いとき、暑いとき、乾いたとき、植物は環境を選べないので、環境の変化にあわせて生き抜くために、さまざまな環境に適応できる遺伝子を持っているのでしょう。乾燥した環境に出合えば、植物は乾燥に耐える遺伝子を活動させます。

②集団レベルの多様性

イネは、１枚の水田にコシヒカリばかり植えられているとしても、個体に注目して遺伝子を比較すれば、同じコシヒカリでも遺伝子は多様で、ばらつきがある。寒い夏であれば、寒い夏に適応できる個体が実を結び生き残る。そうでない個体は種子を残せず、その系統は絶えてしまう。生き残る個体もあれば、死ぬ個体もある。環境の大きな変化があっても、さまざまな遺伝子を持っているので、いずれにせよ全滅は免れる。各個体がそれぞれ多様な遺伝子を持っているので、集団としては生き残ることができる。

同じコシヒカリでも、１枚の水田にあるコシヒカリは、株それぞれについてある程度、遺伝的にばらつくことが望ましい。同じものばかりだと、全滅する可能性もある。同じだと環境に適応しにくい。

こうした２つの方法で、植物は未知の環境に挑む条件と力を備えているのです。

遺伝子の多様性は、別の見方をすれば、雑種性の確保ということになります。

植物の繁殖方法には自殖性と他殖性がある。それは、自分の特質を守ろうとすると同時に雑種性を保持しようとする仕組みです。自家受粉と他家受粉の二刀流の生存戦略が植物にはあるのです。

フリクセルという植物学者が千数百種類の植物を調べたところ、自家受粉だけの植物、もっぱら自殖で生活しているのは15％しかなかった。85％は他殖、他家受粉である。これは、多様性のある個体を作るための植物の知恵だと思われます。

この知恵がないと、植物は他の土地に移動できない。移動した他の地で、新しい環境に適応して生き延びられない。植物には雑種性を守る仕組みが遺伝的に備わっており、この雑種性があるゆえに、個体としても集団としても遺伝的多様性が確保され、他の土地に脱出しても生きていけるのです。

植物はあの手この手で動こうとしている。なぜ、動こうとするのか。動く方法としてはどんなことがあるのか。動いたうえで、新しい環境とどのように適応していくのか。以上、こうしたことについて植物学の立場から、ごく簡単にぼくなりの考え方を説明してきました。

では、こうした植物の本性は、農耕、農業のあり方とどのように関係するのでしょうか。

２　農耕の二面性

以上のような植物についての見方からすれば、農耕というのは１枚の畑に作物という植物を閉じ込めていることになります。作物は畑に閉じ込められて、悲鳴をあげているかもしれません。

農耕による植物の閉じ込めには、①空間的閉じ込めと、②遺伝的閉じ込めの２つがあります。

植物はある土地に定着して安定して生きていく指向性があり、農業はその指向性、すなわち同じことの繰り返し性に依存して成立しています。

だが、農業には別の側面もある。農業には1万年の歴史があり、それは移動と変化の歴史だった。人間は、植物に対して空間移動と品種改良という形での遺伝的な変異を強いてきた。農耕において植物の遺伝的多様性、飛躍性も利用してきた。農業は定着性、一点依存性を基礎にしてきたように考えられがちだが、同時に植物の脱出性や飛躍性も利用し、それらを著しく加速してきたのです。

図18　稲作の北限の進行

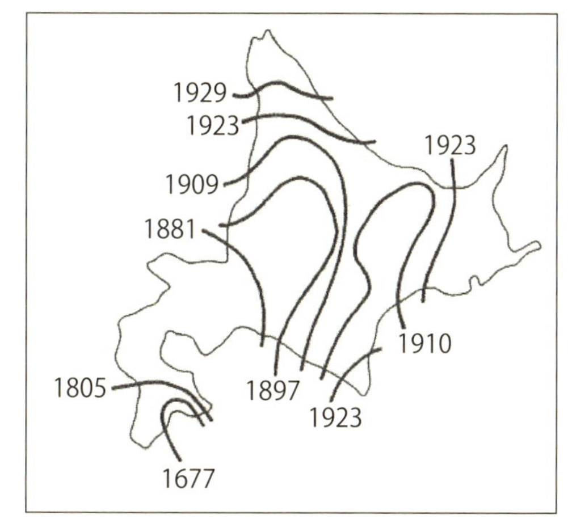

例を挙げましょう。北海道は稲作の地ではなかったが、明治以降、稲作は北に広がり、現在では北海道の多くの場所で稲作ができるようになっている。1929年には宗谷岬の手前まで栽培できるようになった(図18)。

イネはもともと多年生の亜熱帯性植物だった。人類は1万年ほど前に現在と同じような稲作をするようになり、その稲作は北に広がり、とうとう宗谷岬の手前まで到達したのです。それは空間的な移動飛躍であり、それを支えたのが遺伝的多様性だった。もしも、人間がイネを栽培しなかったら、イネは亜熱帯の水辺にそのままの姿で永遠にとどまって生きていたはずです。

植物が動き、飛躍するためには、植物の遺伝的多様性が重要であり、繁殖論としては自殖性より他殖性のほうが優位だということがある。ここで自殖と他殖、自家受粉、他家受粉について説明をします。

3　植物の受粉(受精)の様式

植物は、自家受粉と他家受粉の２つの方法で種子を作ります。

植物の花には雄しべと雌しべがあります。自家受粉は、同一の花の中で授粉するというやり方です。花には雄しべと雌しべがあるのだから自家受粉は当たり前だと考えがちだが、実はそうでもない。花の中に雄しべと雌しべがあっても、確実に授粉するとは限らない。雄しべと雌しべが距離的に近く、成熟時期が同じでなくては、自家受粉は起こらない。距離が離れていたり、同時に成熟しなかったりする植物は多くある。むしろ、植物には自家受粉を避けているような種類が多く見受けられる。

①自家受粉(受精)・自殖

まず自家受粉の例からお話ししましょう。イネとエンドウを取り上げます。

イネは、花が開く前に自家受粉が終わっている。イネは風媒花だが、風を待つまでもなく開花前に自家受粉が終わってしまっている。エンドウには**図19**で示したように、竜骨弁という袋状の花弁の中に雄しべと雌しべがあっ

図19　エンドウ

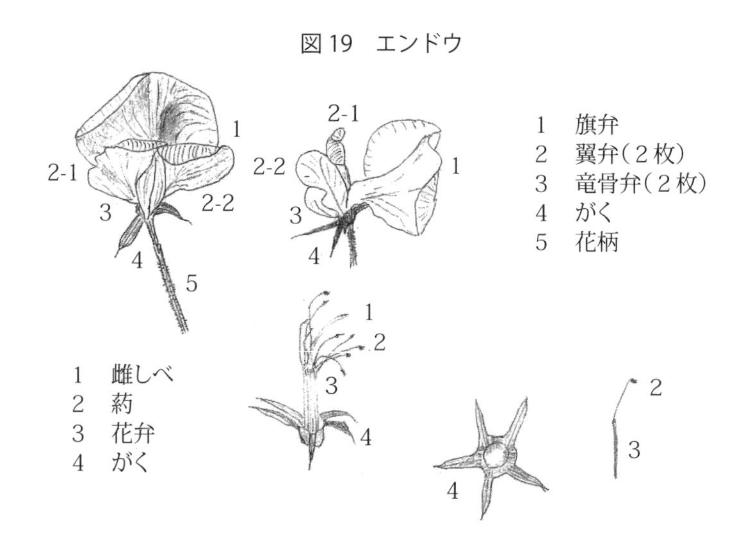

表3　おもな自殖性作物

イネ・コムギ・オオムギ(イネ科)、レタス(キク科)、エンドウ・ダイズ(マメ科)、セイヨウナタネ・カラシナ(アブラナ科)、アマ(アマ科)、ゴマ(シソ科)、オクラ(アオイ科)、トウガラシ・ピーマン・トマト・ナス(ナス科)……

(注1) 100%自殖というわけではない。ある程度は他家受粉(→採種には隔離が必要)。
(注2)「科」で統一されるものではない。
(注3) 重要な作物の多くは自殖性(イネ・コムギ・オオムギ・ダイズ……)(→なぜ?)。

て、花が開く前に授粉している。

しかし、イネやエンドウのように花や袋の中に雄しべと雌しべを閉じ込めて自家受粉するというのは特殊な例です。

おもな自殖性作物を**表3**に掲げておきました。ただし、このリストの作物も100%自家受粉というわけではない。厳密に調べると、イネでも数%は他家授粉している。イネ科やマメ科でも他家受粉の作物も多くあるし、植物の科によって自殖と他殖が決まっているわけでもない。

イネ、ムギ、ダイズなど農業上重要な植物は、自家受粉が多い。自殖は雑種ができにくいので、遺伝的に安定している。農業は遺伝的に安定することを望むので、イネ、ムギ、ダイズが雑種になるのは好ましいことではない。自家受粉のほうが安定した栽培ができます。

②他家受粉(受精)・他殖

一方、野菜は他殖が多い。だから野菜については、他殖について勉強しておかないと自家採種はうまくいかない。

植物には、わざわざ自家受粉を積極的に避ける仕組みがあります。代表的な性質としては自家不和合性。自分自身の花粉が雌しべについて受精することを拒絶する独特な仕組みができている。他の株から飛んできた遺伝的に異なる花粉としか受粉しないという不思議な性質で、例としてはアブラナ科、レッドクローバー、ナシ、コスモスなどがあります。

アブラナ科の全部が自家不和合性というわけではない。たとえば、西洋ナタネやカラシナは自家不和合性ではない。しかし、多くのアブラナ科は、他の株からの花粉だけと授粉し、自家不和合性なので、そうした種類については自家採種する場合には隔離が必要です。

雌雄異熟という性質の作物もあります。雄しべと雌しべが同居しても、成熟タイミングがずれるので自家受粉できないという形式。これについては、雄性先熟が多いように思われる。トウモロコシの雄しべの花粉が飛んでも、同じ株の雌しべは未熟なので、自分の花粉では授粉できない。雌性先熟の例はあまりないが、イチゴは雌性先熟です。

さらに、雌雄異花がある。ウリ科に多く、虫が異なった花の花粉を雌花に持ってくるのに頼っている。

自家採種する場合には、こうした作物ごとの性質をよく知って、そこに思いを寄せることが必要です。それが農業のロマンであり、作物とつきあうマナーでもあると思います。

4　自殖と他殖の違い――生殖の二面性

自殖と他殖の生物学的な違いについて、簡単に説明します。

自家受粉は究極の近親交配です。生物学的には、近親交配では弱い子どもができてしまいます。植物の自家受粉は1個体の中での受粉なので、究極の近親交配となります。

イネには自殖を続けても弱くならない遺伝的仕組みもある。しかし、一般的には、自殖が続くと遺伝学的にはホモすなわち純系になり、個体も集団も弱くなる。

他殖は、遺伝学的には雑種であり、ヘテロです。集団としては均質にならず、性質の異なった多様な個体からなる集団が維持される。新しい環境に挑むには他殖のほうが望ましいといえる。

(1)　ホモとヘテロ

ここでホモとヘテロの遺伝学について、高校の生物で勉強することをおさらいしておきます。**図20**を見てください。

AAは優勢ホモ(ホモジニアス)です。aaは劣性ホモです。

図20　ホモとヘテロ

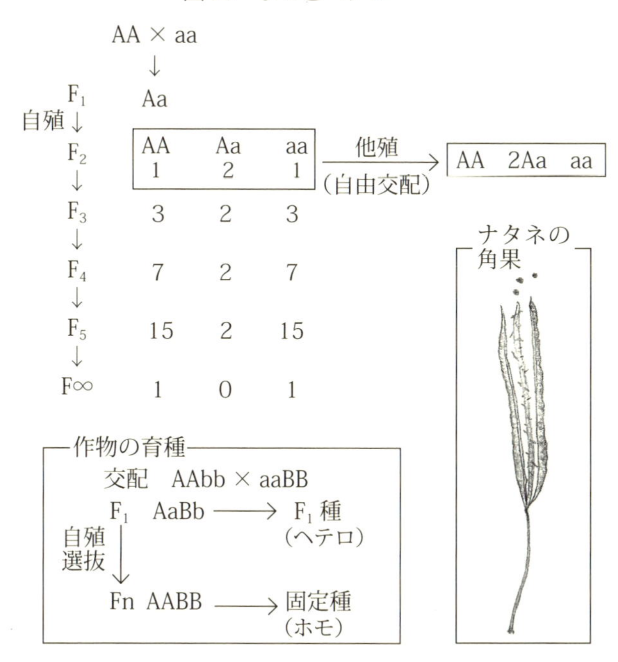

AA と aa を親としてかけ合わせて生まれた子の Aa はヘテロ（ヘテロジニアス）で、F_1 です。F_1 とは雑種第一代、子どもという意味です。

F_1 を自殖して F_2 を作ると、F_2 はメンデルの法則で、１：２：１になる。ところが、F_1 である Aa を自殖させ続けると、ホモの AA や aa からはホモの AA や aa しかできないし、ヘテロの Aa からはヘテロの Aa もできるが、同時に AA と aa も生み出され、しだいにホモの割合が大きくなっていくのです。およそ 10 世代でヘテロは消えてホモだけとなり、AA と aa が１：１になる。雑種はなくなり、遺伝子型がすべてホモになるのです。一方、集団の中で自由に他殖させると、F_2 の１：２：１はその後も変わらず、永遠に１：２：１になる。

他殖を続けるかぎり、ヘテロは基本的にはなくならない。しかし、自殖では、最終的にはホモばかりになってしまう。自殖では、最終的には雄性ホモと劣勢ホモしか残らない。ホモからはホモしか生まれないが、ヘテロはホモもヘテロも生み出す。ここに、生殖の二面性である他殖と自殖の違いがあります。

⑵ 固定種をつくる仕組みと交配種(F_1)をつくる仕組み

次に、作物の育種、品種改良について説明します。F_1 について生物学的にみて適切ではない理解が一部に広がってしまっているように思えるので、とくに F_1 の意味について補足的にお話ししておきましょう。

A 遺伝子と B 遺伝子があり、A は収量が高く、B は病気に強いとします。また、a は収量が低く、b は病気に弱い遺伝子とします。この A と B をかけ合わせると、その子どもの AB の雑種は収量が高く、病気に強くなります。この現象を雑種強勢と言います。これが F_1 の一つの特質であり、それを種子にしたのが F_1 種です。

その種子を買って播けば、特定の病気への耐病性が強く、収量が高い作物を栽培できます。

固定種の品種改良の方法は、F_1 を作るまでは同じです。F_1 の次の世代 F_2 は形質が分離する。さらに自家受粉を繰り返し、10 世代を経ると、最終的にはヘテロは消えて、ホモだけになり、そこから選抜すれば AABB が選べる。これが固定種です。イネやムギやダイズなどの品種はこれにあたる。イネのような自殖性の植物はホモの状態で種子が販売されているので、自家採種しても同じ性質が再現しやすい。

雑種強勢という現象は 1911 年に発見されました。F_1 は優秀だという発見です。遺伝的に離れたもの同士をかけ合わせた F_1 は雑種強勢であり、両者の優良な形質を受け継ぐ。それは、まずトウモロコシで発見された。遺伝的に離れた純系ホモ同士を交雑させた雑種 F_1 は、均一性、生活能力、生産性、体の大きさ、耐病性などの点で両親のいずれをもしのぐことが発見されたのです。

２種類のトウモロコシを人工的に授精させる。人間が手を貸せば、人工授精できる。他殖性のトウモコロシも、意図的に何世代も自家受粉させ続ければ固定種ができる。F_1 とは、それを両親としてかけ合わせた雑種第一代の

図21　雑種第一代(F_1)の仕組み

```
         〔Ab〕        〔aB〕
例   AAbb   ×   aaBB
     高収量      高耐病性
        F1  AaBb〔AB〕両方の特性を併せもつ
自家受精 ↓
(他)     F2
```

F_1にするメリット
- 雑種強勢
- 両親の性質を併せもつ

9〔AB〕	3〔Ab〕	3〔aB〕	1〔ab〕
1 AABB	1 AAbb	1 aaBB	1 aabb
2 AaBB	2 Aabb	2 aaBb	
2 AABb			
4 Aabb			

$F_2 = F_1 \times F_1$
$= AaBb \times AaBb$
$= (Aa \times Aa)(Bb \times Bb)$
$= \{3(A)+(a)\}\{3(B)+(b)\}$
$= 9(AB)+\cdots$

9通りに分離する。その中でF_1と同じ性質をもつものは9/16。しかしその性質を継続してもつものは1/16。

ことです。F_1の栽培はよい成績となるが、親の確保にはたいへん手間がかかる。だから、F_1は種苗会社ならではの技術ということになる。

こうして育成した高収量のF_1のトウモロコシがなかったら、生産量が上がらず、日本の畜産は生まれなかった。この方法は、動物についてもニワトリやブタに利用されています。これは農業としては実に優れた仕組みで、革命的な発見でした。

しかし、農民にとってはある面では不都合です。F_1の栽培から自家採種すると形質が分離してしまい、次の代のF_2ではF_1で得られたような高成績は得られない。農民がF_1から自家採種すると、遺伝子型9通りの形質に分離してしまう。F_1と同じ形質のものは、9／16になる。その中でホモAABBになるのは、1／16しかない(図21)。1／16のホモAABBの確率で自家採種で固定化するのは、とても大変です。

1／16の確率でF_1と同じものができるから、それを毎年毎年選びながら、自家採種するという方法もないわけではない。けれども、たいへんな手間です。だからF_1種のメリットにひかれるならば、農民にとってはF_1種は購入せざるを得なくなってしまう。

少し脇道に逸れたが、本章の最初の課題に戻れば、植物は先に述べたような仕組みを使って遺伝的多様性を保持することで、外に脱出でき、環境に適応できる。そして、植物は他殖に依存することによりヘテロで遺伝的多様性を保持し、環境に適応できるのです。

5　自然交雑・自家採種による系統育成

ここで自家採種についてのぼくなりの考え方をまとめておきます(図22)。

種採りは優れた百姓のマナーです。しかし、それは大変なことです。適切な技術も必要です。よかれと思って頑張ってきた自家採種が結果としてマイナスをつくってしまうという例も少なくない。

例を挙げましょう。前に説明したように、ダイコンは品種が実に多様に分化している。また、すぐに自然交雑するから、不用意な自家採種はせっかくの品種特性を損ねてしまうことが多々ある。ダイコンのような他殖性の野菜を自家採種する場合には、多様に品種分化させてきた歴史性を尊重して、そ

図22　自然交雑・自家採種による系統育成

植物の自然な交雑に任せる
　(→一定の割合で自家受粉／他家受粉が起きる)
──>多様性(変異性)に富んだ集団*が形成
──>自然選択(人為選択)が起きる
　(→環境に適応したものだけが生き残る)
　地域(農地)
　　①気候／気象
　　②土質・水質
　　③栽培方法
　　④栽培者の癖(好み)

cf.　突然変異(個々の遺伝子が変化すること)はほとんど起きない。また獲得形質(個体が発生の途中で受けた環境の影響により発現する形質)は遺伝しないと考えられている。
　⇒多様な遺伝子集団から適応的なものが選択される
　──>7～10世代を経れば独自の系統が育成される

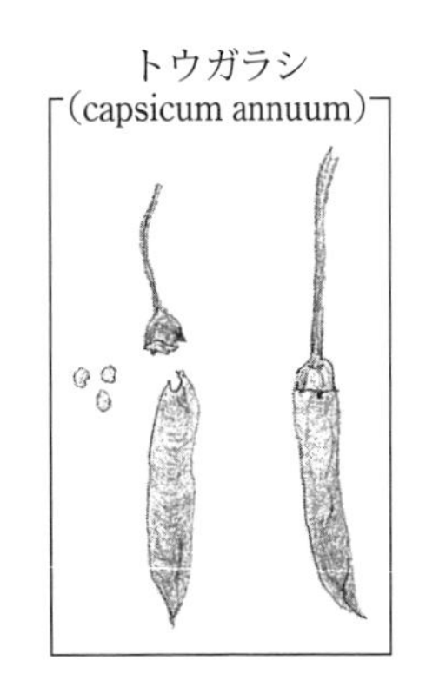

＊自家採種のポイント
　できるだけ多くの個体から採種(無作為性)

の品種を保存・保持する意識・目的をしっかり持たないと、結果として品種が混ざってしまい、よい結果は得られません。自家採種を何のためにするのか、戦略を明確にすることが必要です。

いま農家の皆さんのやっている自家採種は、基本的には自然交雑、自然選抜によるものです。ミツバチや風任せによる交雑でしょう。ミツバチは遠くに飛び、風に乗った花粉も遠くに飛ぶ。そのことを考慮して、採種圃の隔離に気にかけている例もあるようですが……。

圃場からの採種株の選抜も、おおよそ自然選抜に任せているという例が多いようです。イネ、ムギ、ダイズなどの自殖性の作物の場合にはそれでよい。でも、他殖性が多い野菜などの種採りはそれだけではダメだと思います。

農業には何千年の歴史があります。昔は自然交雑と自然選抜任せの自家採種だった。そこに農民の手による選抜、品種改良はありましたが、種屋はなかった。雄しべと雌しべの交配で種子ができることが分かったのは18世紀。メンデルの法則の発見は19世紀。それを基礎として交配育種も開始され、現在のような多彩な品種が工夫され、販売されるようになったのは、ここ数十年です。今の農業は、作型分化など多様な品種を前提として組み立てられています。

その意味では、現在の素朴な農家の種採りは農業の古来の伝統を継承しているが、それ以上でもない。その点をよく考えておく必要がある。このやり方で徐々に風土に適応した作物ができるかもしれない。だが、ロマンチックにうまくことが運ぶかどうかは技術による。農家はその技術を経験的に蓄積してきていると言えるでしょうか。

できるだけ多くの個体から種子を採っておくことも、別の言い方をすると、ある程度広い採種圃を確保することも、その技術の一つです。個体数が少ないと、遺伝的多様性を失ってしまい、寒さに耐えられなかったり、暑さに耐えられなかったりする。

これからの時代を考えると、多様な環境に備える農業が重要となるように思われる。その視点からすれば、均一な性質のものだけではなく、多様な個性のある作物たちが残るように自家採種することも大切だ。農業生産では、収量が低い、病気に弱いでは困る。だから、妙な選択はしないほうがいい。また、技術の選択には、短期的視点だけでなく長期的視点からの判断も必要だ。

有機農業、自然農法の営農の視点からの自然選抜の意味も大きいと思われる。農業は風土的なものだから、地域の条件に適した選抜、有機農業や自然農法という栽培条件に適した選抜、栽培者の好みや癖を活かした選抜なども、大切なことです。

ただし、それには知識と経験が必要です。そして、その判断を種苗会社に任せておくわけにはいかない。その意味でも、農家の自家採種は重要な取り組みです。だからこそ、自家採種について農家が適切な知識と経験を持ち、しっかりとした戦略を立てて取り組みを進めなければならない。素朴な想いだけの自家採種主義は卒業すべきでしょう。

6　植物の生存戦略——脱出・資源探索・遺伝的多様性・適応

ウリ科の作物で、話のまとめをします。

ウリ科の種の多くは熱帯のサバンナ原産、アフリカ産やインド産です。熱帯の乾燥したサバンナが原産地です。キュウリやメロンは、沙漠の中に転がっている。その過酷な環境のもとで生き抜いてきた植物が作物として品種改良され、世界中で栽培されるようになりました。

まず、種子が落ち、芽生える。ウリ科の植物は匍匐する。一点からの脱出をする。ウリ科の植物は、生まれつき一点からの脱出を狙っている。匍匐しながら、カボチャなどは節から不定根を出す。これでツルが伸びた先の土を利用する。脱出し、最初の一点から数メートル離れたところで実を結ぶ。キュウリは水分が90%以上もあり、その実の中に大量の種子を作る。そして、実は腐る。大量の種子が巣播きされる。雨期にはそれが一斉に発芽する。競い合い、勝ったものが生き残る。厳しい自然選択です。

ウリ科の種子は大きく、子葉には養分が蓄えられている。胚乳はない。子

図 23　植物の生存戦略――ウリ科の場合

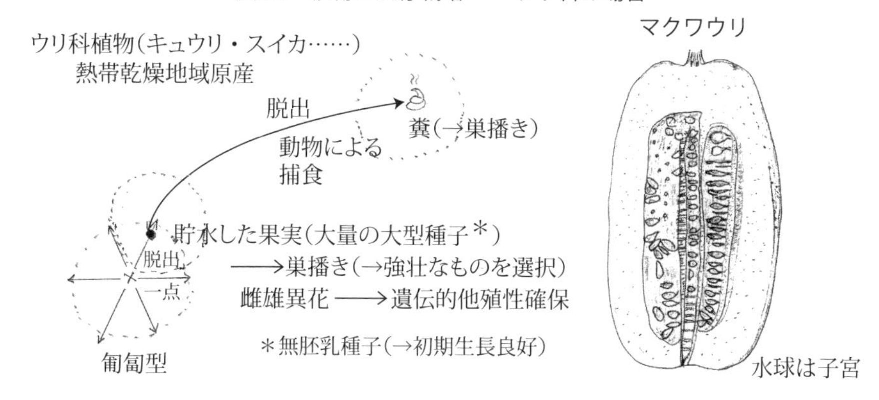

葉が大きいので、初期生育は早い。胚乳に栄養を蓄えるイネ科よりも、初期生育は早い。沙漠では雨期に１～２回の雨が降り、一気に発芽して生育する。過酷な条件で生育します。ウリ科は雌雄異花で、他殖性が強い。匍匐性で脱出し、種子を作り、成長し、たくましく生きる。遺伝的多様性は他殖性で保存されるが、その典型的な姿をウリ科に見ることができる。

サバンナの動物は水が欲しくてウリ科の実を食べる。そして数キロ離れたところで糞をする。糞の中の種子が地面に巣播きされる。ウリ科は数十キロ先まで、脱出に成功する。みごとな成功です（図23）。

7　連作ということ

この章でのおもな検討課題とした連作とは、同じ土地に同じ作物を栽培することです。

徹底的な連作をすると、その作物の脱出を封じ込めていることになる。

伝統的農業に連作はなかった。農民は経験的知恵で連作を避けてきた。続けて育てると、成育や収量などの点で具合が悪くなったりする。収量が悪くなるとか、病気になるとかすることを経験して、かつては連作障害という言葉はなかったけれど、経験的知恵として連作を避けてきました。

そして、農民たちは輪作を工夫して、いろいろな作物を植えた。水田の二毛作、イネ→ムギ、イネ→ナタネなどのパターンや田畑輪換もしてきた。これらの技術は江戸時代には確立している。こうした土地利用には乾田という前提条件があった。乾田にできる条件のところは、高度な農法として田畑輪換が工夫されていました。

しかし、現在の野菜産地では野菜の連作ばかりで、連作がごく普通の作付方式になっている。穀物、イモ、マメなどの畑作物が、1950年代以降のアメリカからの余剰農産物の受け入れで、ほぼすべて不採算となってしまい、代わって大都市向けの野菜産地が育成される。都市が求めるキャベツ、ダイコン、ハクサイ、ニンジン、レタスなどの特定品目の野菜だけを大面積に栽培するというあり方が、政策的に強く推進された。野菜の連作、それに伴う連作障害の蔓延、そしてその対策としての土壌消毒の一般化という一連の事態は、最近数十年間につくられたものです。

自然農法で提唱されている連作主義は、こうした現実の野菜産地で起きている連作問題とはまったく別のこと。それを確認したうえで、自然農法の皆さんも、野菜産地が苦しんでいる連作問題についてしっかり見つめてほしい。野菜産地の連作障害問題の解決のためには、野菜の作付比率を大幅に下げて、穀物、イモ、マメなどの地力増進型の作物を導入し、輪作に切り替えることが重要だということは、独自の視点から連作主義を提唱される自然農法の皆さんにも理解いただけるでしょう。

自然界には、厳密な意味での連作はない。ある空間に多様な植物が出たり入ったりするというのが自然です。いろいろな植物が入れ替わっている。特定の植物、とくに多くの農作物が属する草本類が同じ場所に長期にわたって安定して存在し続けることは、基本的にはない。それが自然というものです。自然農法が学ぶべきとされる自然には、連作に相当する現象はない。農業の現場にも、歴史的に連作はなかった。

それでもなお連作主義を主張するには、根拠が必要でしょう。「連作もできる」というだけでなく、「連作こそよい」という証明が必要です。

連作については、作物の視点だけでなく、雑草の視点、休閑という視点からも考えていく必要がある。水田は、イネを刈った後に雑草が生える。たしかに、作物としてはイネが連作されたわけだが、イネと雑草とが輪作されたとも言えます。特定の植物だけが1年間ずっと独占的に育つ空間は、現実にはない。農業の現場には厳密な意味で1種類だけの特定の作物が1年間存在する状態は現実にはありません。

8　植物の環境適応――もうひとつの力

最後に結論的な話をします。

植物は与えられた環境に応答し、自分自身を変えていく融通無碍な力がある。土と植物の関係として言えば、植物は与えられた土地になじんでいく。それは環境応答能力であるのだが、同時にそれは環境形成能力であるということもできる(図24)。植物には環境を形成する能力がある。植物は土を変える力もある。岡田茂吉氏の提唱される連作主義は、そのことを言っているのかもしれません。

毎年、田にイネを植えると、田の土が変わる。イネを毎年作ると、土が良くなる。このことについてもしっかり考えていく必要がある。

環境に適応して、植物は自分を変えていく。そして、植物は環境も変えていく。植物は土となじむ。そして、土も植物となじんでいく。そうした双方向的関係をしっかり見つめていくことが大切で、岡田氏は、作物を作れば作るほど土は良くなると言っている。ぼくの言葉で言えば、お互いになじみ合うということなのだと思う。

図24　植物の環境適応――もうひとつの力

①環境応答能力――→自分を変える(土になじむ)
②環境形成能力――→環境を変える(土がなじむ)

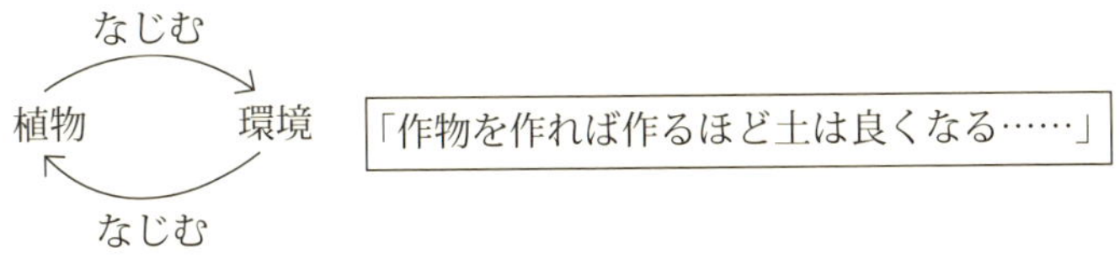

⇒植物と環境とは一体となってある平衡系(なじみ合い)に達する

植物と環境は一体となって、互いになじみ合う。その世界ができあがる。それが農業としても安定した系になる。そういう安定した系ができあがってくれば、農業は余計なことをしないほうがいいという世界に到達するだろう。

田畑にはおなじみさんがたくさんいます。植物もいろいろ生えているし、虫、鳥、微生物、獣もいる。いろいろな生き物たちが田畑では生きている。作物だけを見ていてはダメ。さまざまな生き物、微生物などとなじみ合う。多様なおなじみさんがいる世界を強調したい。ある空間を分け合う多様な生物たちが、土をめぐって、お互いになじみ合う。その双方向的で多元的な世界が田畑につくられていく。それは共生の世界と言い換えることもできます。

おなじみさんがなじみ合う世界をお互いにつくっていくのが、有機農業、自然農法の共生的な農業技術がもつ基本的方向と言えるだろう。だから、いわゆる連作ではなく、輪作、混作、雑草との輪作です。化学肥料や農薬を使うのは、とんでもない。おなじみさんをお互いに結びつけ合いましょう。その先には、特定の 1 種類の作物の連作とは異なる世界ができていくことが展望されます。

そして、そうした営みに自家採種が加わり、作物となじみ合った私たちみんなが毎年種子を採る。自家採種は、作物が世代をつなぎつつ、お互いにおなじみさんとしてなじみ合う、そんな営みだとも言えるでしょう。

第4章

希望の地としての北海道

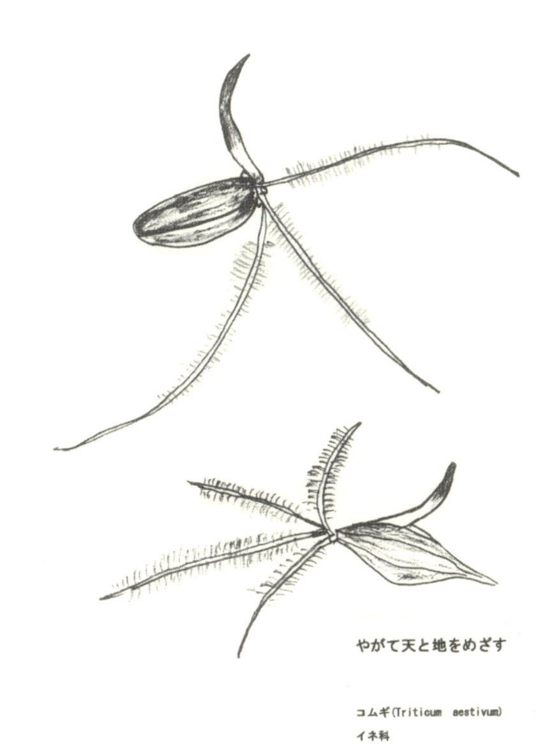

やがて天と地をめざす

コムギ(Triticum aestivum)
イネ科

オオムギ (Hordeum vulgare)
イネ科

解説

「北海道は日本なのか」。著者は北海道瀬棚町で開かれたセミナーで、聴衆をとまどわせる設問から話し始める。もちろん、彼の人柄を知る人はこれが否定的な文脈でないことは想像つくのだが……。

その発言は、北海道の農民に対するだけでなく、すべての農業者へのメッセージをこめた温もりのある問いかけである。自然と、それに日常的に関わる人びとへの共感の感性をもって、「この今あなたが耕している土地を、そのあるがままの歴史をまず受け入れよう」と呼びかけているのだ。

著者が論じる農業論には、土壌とそれを形成してきた自然に対して、人間にはとるべき「マナー」があるという主張がこめられている(たとえば第３章３節末尾)。彼にとって祖父や親族にゆかりのある大切な北海道が「日本ではない」という緊張感を伴う表現は、何を意味するのか。

彼はまず、植物地理学から指摘し、ブナ林の分布、動物の分布など北海道の自然の独自性を明らかにする。また、アイヌの時代には、オホーツク文化のような弥生的日本農耕文化とは対極の暮らし方があったことを指摘する。読者は、「日本ではない」北海道の要素にいくらか納得するだろう。

では、日本の農業における北海道農業のもっとも鮮明な特徴「開拓」についてはどうなのか。「日本ではない」というのは、そのことなのだろうか。

著者はここで、第１章の水田・畑作論を再度具体的に論じる。明治政府の開拓方針により、北海道の古木の森林は切り開かれた。一気に現代の西欧農法の場へと変身させられ、有畜の大農法の舞台に仕組まれようとされた。この処女地では無施肥農業を当然のようにやり、40年くらいは継続できたが、原生林の開拓から時間をおいて起きた現実は、初期の地力を消耗した畑に手を焼く農民の姿だ。

明治政府は、畑作と酪農を中心に据え、馬を利用した機械化農業の定着を目指し、さまざまな政策をとった。けれども、開拓民はこの「西欧式」の農地に期待された「大規模な有畜の畑作」を営農する技術や体験を持ち合わせていなかった。彼らは親しみのある稲作に可能であれば頼り、海沿いから開拓を始め、稲作を始める。それは、北海道の内地化(日本化)の象徴と言える出来事であった。こうした「北方稲作」は、多くの民間人の苦労と、農業研究者の工夫によって確立し、今日の北海道稲作に到達する。

この技術は 20 世紀後半に入ると、あの緑の革命に応用されてしまった。この技術的展開への着目にははっとさせられるが、有機農法、自然農法を実施する立場に立つ者として、評価には複雑な思いがあると言う。北海道に定着したイネは、近代熱帯稲作のアジアに「チャンピオン」としてもどったのだ。

一方、畑作には地力の維持という課題がずっと引き継がれている。輪作とは、何をどう組み合わせる作付なのか。有畜とは何なのか。開拓民には理解できず、その技術は定着しない。やがて化学肥料が登場し、北海道でも化学肥料に依存する農業が定着。今もなお、輪作と有畜化は定着していない。

「日本ではない」と著者が言うこの北海道に、農民は夢をつなげなかったのか。彼はデンマーク農法の農民運動を指摘する。

「クラーク先生の言う大規模農業ではなく、やや小規模の有畜複合農業こそ、北海道農業の基本だと考えるようになった農民たちが出てきた」

酪農を中心とした小農民らしい小規模有畜複合農業を学ぶ気運が北海道の農民に生じ、あわせて協同組合結成の気運も起きたのだ。当時の指導者・黒沢酉蔵は日本の有畜農業の先駆者のひとりであり、雪印の創設者という歴史を残した。それは現在の北海道農業に、どのように精神的・技術的に受け継がれているのか。著者は評価を下していない。むしろ、夢を託す。

「北海道の独自の文化のパターンを考えると、デンマークに学んだ小規模有畜複合農業は間違っていないと思う。ただし、現実の北海道では、それは夢の夢でしかない」

「少年の希望としての北海道」で紹介した詩に自らの夢を託し、同時代を生きる北海道の農業者たちに「少年の希望の地」の実現を呼びかけるのが、本章の骨格だ。

解説者は、ここで「北海道」と表現されていることは、「日本」「あるべき日本」「ともに創造すべき、切り拓くべき未来」と翻訳してこそ妥当な文脈なのだと理解した。

（三浦和彦）

1　私と北海道

ぼく自身は北海道生まれではありませんが、祖父が北海道に渡り、ぼくはその孫で、３代目にあたります。

父方の祖父は明治の初めに内地で生まれ、何を思ったか、18 歳のとき札幌農学校に入学を決意した。明治の初めに内地から札幌へ行くのは大変なことだったと思います。当時は農学の高等教育の機関があまりなかったので、札幌農学校の卒業生は先駆者になりました。祖父は北海道の農業の先駆けのひとりとなり、生涯を札幌で送りました。

ぼくの父親は札幌生まれ、２代目になります。北海道生まれだったが、東京に出ていった。そして 92 歳で亡くなった。３代目のぼくは、祖父が 18 歳以後の生涯を送り、父が生まれた札幌に憧れた。そして、ぼくは今、北海道のこの地で北海道について語っていることを嬉しく思います。

ぼくは、憧れの札幌に８年間住みました。1964 年、東京オリンピックの年に上野駅から出発して札幌に移り住み、ある理由から、1972 年、札幌オリンピックの年に札幌の街を去った。札幌はぼくの青春の地であり、故郷のひとつでもあり、憧れの地でもあります。ぼくの人格は札幌でつくられました。

2　北海道は日本か

ぼくは学生時代から、北海道は日本ではないと思っている。今でもそう思う。北海道に住んでいる人には、そんなことあるものかと思われるだろうが、ぼくとしては、北海道は日本ではないと、つくづく思う。それは、北海道と内地とでは自然条件が大きく異なるからです。

その例を挙げます。まず、植物学者の立場から植物地理学的に説明します。

黒松内低地帯はブナ林の北限として、植物学の世界では有名だ。長万部（おしゃまんべ）からちょっと入ったところに、黒松内町がある（図25）。渡島半島の付け根にあ

図 25　北海道における動植物分布境界

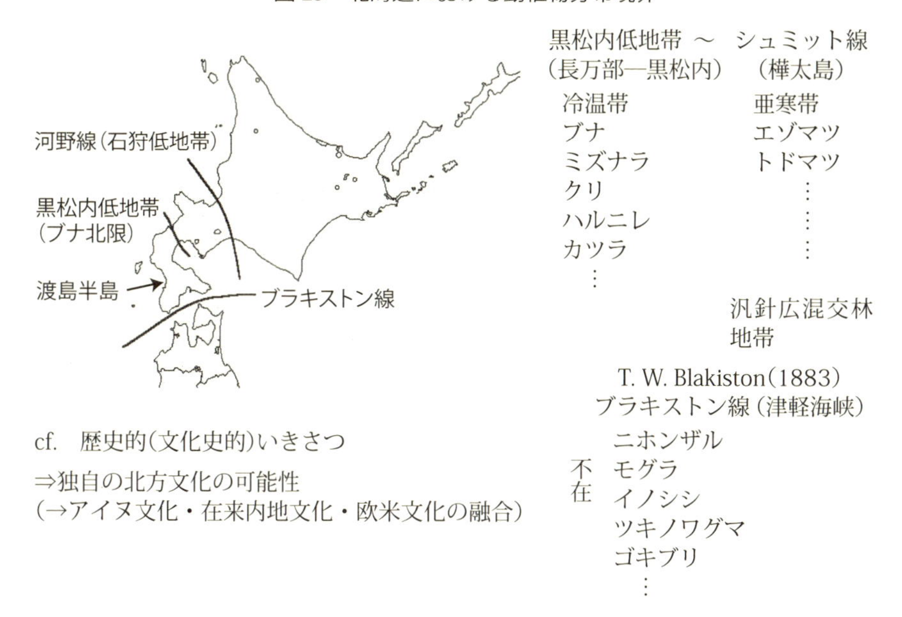

たる。内地の青森や秋田にはブナ林が発達しているが、その北限が黒松内低地帯になる。黒松内町より北には、ブナ林はないのです（ブナを植えているピンポイントはあるが、ブナの林はない）。

黒松内町より南はまだ内地であり、日本と言えるが、黒松内町から北は植物地理学的には日本ではない、と言えます。

さらに北には、樺太を横切るシュミット線があります。樺太の位置するところは、気候でいうと冷温帯から亜寒帯への移行地域にあたり、シュミット線から北が亜寒帯です。

北海道大学農学部の教授であった舘脇操さんは、植物学者として北海道における森林の植生を調査しました。そして、黒松内低地帯以北の北海道の山岳地帯は針葉樹林と広葉樹林が混じっていることを見出し、1954 年に「汎針広混交林地帯」と名付けて報告した。札幌近郊や平野部でも、針葉樹と広葉樹が混じり合っている（校訂者注：本州では高山に針葉樹と広葉樹が混じる地帯があり、水平分布と垂直分布との関係として理解される）。

動物の南北の境界に関しては、ブラキストン線が有名だ。19 世紀のイギリスの動物・鳥類学者であるT・W・ブラキストン(Blakiston)による調査で、ブラキストン線が見出されました。

ブラキストン線のある津軽海峡を境に、動物の分布が変わります。ニホンザルやモグラなどは、北海道にはいない。かつて、ゴキブリも北海道にはいなかった。しかし、現在では、北海道の各家庭は冬の間しっかり暖房をしているから、北海道にもゴキブリはいるだろう。イノシシやツキノワグマも、北海道にはいない。植物は、渡島半島まで北限が押しています。

本州と北海道は、歴史的経緯がまったく異なる。たとえば、北海道には弥生期はなかった。独自の北方文化、アイヌ文化があった。また、大陸の影響を受けたオホーツク文化もあり、シベリアの影響も受けてきた。

オホーツク文化の例として、ブタとオオムギがセットになった農耕文化が網走近郊にあった。どういういきさつでブタとオオムギが網走に入ってきたのか。そして、定着し、衰退したのか。

岡山大学の先生がオオムギの遺伝子を調べた。すると、現在の北海道で栽培されているオオムギと、1000 年前の網走近郊のオホーツク文化のオオムギの系統は、日本内地からのオオムギではなく、大陸からのオオムギであり、異なる遺伝子型であることが分かった。北海道には独自のオオムギ系統があり、内地とは別の文化や歴史があったのです。

百数十年前まで、北海道はアイヌとヒグマが天国のように暮らす蝦夷の島だった。この事実を抜きにして北海道は語れません。

ぼくには北海道に大きな憧れがあり、期待をしています。独自の北海道文化が形成されてきた北海道が、今後も北海道文化を形成していってほしいという願いがある。それは、アイヌ文化の影響も受けた文化であろうし、また、在来の東北から北海道に攻めてきた倭人たちの文化も入ってきたであろう。

明治以後、政府は欧米の文化を積極的に輸入しました。北海道独自の文化、倭人の文化、そして、それら欧米の文化の３つが融合した独自の北海道文化が形成されてきた。倭人たちの文化と北海道の文化は異なり、同じ土俵で単に日本として語るのはよろしくないと、ぼくは思っている。そして、明治以後の北海道独自の文化が今も息づいているのか、改めて問いかけてみたいと思います。

3　北海道の開拓と農業

ここで、明治以後の北海道の開拓と農業の歴史を説明します。

1868年、明治維新(明治元年)となり、翌69年(明治2年)に明治政府により、開拓使ができた。1876年(明治9年)には札幌の地に、北海道の農業の技術開発のバックボーンのひとつとなる札幌農学校が設立された。明治政府が北海道庁をつくったのは1886年(明治19年)です。

どういういきさつで札幌農学校ができたのか。明治政府は開拓当初、アメリカからたくさんの技術者を入れて、大規模な農業経営(アメリカ式大農主義)を目指した。当初、北海道で稲作はできないと考えており、稲作を取り入れる発想はなかった。畑作と酪農を中心に据え、馬を利用した機械化農業を定着させることを目指して、さまざまな政策を採ったのです。

しかし、この考え方は開拓民には受け入れられなかった。開拓民の多くは、内地のおちぶれた、食いっぱぐれの人たちだった。集団にせよ、個人にせよ、そういう人たちが北海道に来たのだが、彼らには大型農業の経験はなかった。明治政府が大規模な農業経営と言ったところで、彼らにはそれを実現するための土地はどこにあるのか？　馬はどこにいるのか？　経験のないことを実施できる状況にはなかった。明治政府の主導する大型農業は、彼らには受け入れられませんでした。

一方、民間レベルでは、篤農家が北海道に入り、水が溜まるところでは米ができるのではないかと考えた。そして、東北の篤農家が、寒さに強いイネの品種を持ち込んで播いたところ、米ができないわけではないことが分かってきた。民間レベルにおける北海道稲作への熱意については、出版物が何冊もあるので、興味のある方は読んでみてください。

明治政府も、いきなりアメリカ式の大農経営をさせるのは難しいことを現実として認めざるを得なくなっていった。米と味噌を背負って北海道に来た民間人は、酪農など知らない人たちばかりでした。

1893年(明治26年)、明治政府は方針を転換し、稲作を導入することになります。東京・駒場には駒場農学校が開設されていました(1878年)。そこは、在来農法主義の高等農業教育機関として進みました。札幌農学校の欧米式農業主義とは異質で、内地の稲作主義であり、まったく正反対だった。イデオロギー的には、駒場農学校と札幌農学校はライバル関係だった。そして、駒場に農業試験場をつくり、稲作を研究した。一方、札幌農学校は、クラーク氏の教えに従って大農経営を目指していました。

その札幌農学校に、駒場農学校の卒業生である酒匂常明さんが来ました。当時は大変だっただろうが、その後、実質的に駒場の卒業生の勝利になっていきます。

4　北方稲作――極早生種という技術開拓

言うまでもなく、米は水がないとできない。灌漑設備のない山の中では稲作はできない。北海道の山は原生林であり、ヒグマが怖くて入っていけない。一方、川の流域は大雨のときは氾濫もあるので、怖くて近づけない。だが、川の流域の土地は肥えているし、平らな場所なら水田にしやすく、水を溜めることができる。そこで、開拓民たちは海沿いから開拓を始め、稲作が始まった。それは、北海道の内地化(日本化)の象徴と言える出来事でした。

北海道は気温が低く、夏は短いので、内地から来た入植者たちは、極早生の耐冷品種を選びました。そして、北海道の気候に合うように品種改良を行い、稈が短く、上位葉が短く直立したイネを選抜していった。現在、北海道で栽培されている品種のほとんどが、耐冷・極早生・短稈・葉直立です。

寒いところでは、イネにイモチ病が発生した。イモチ病はイモチ病菌によって発生することが分かると、イモチ病菌の生態や対策が旧帝国大学時代の北海道大学で研究される。そして、イモチ病の総合的な防除方法、種籾の消毒効果などが分かってきた。たとえば、イモチ病に感染した稲ワラは完熟堆肥にするなどの対策が見出されなどして、イモチ病を克服していきました。
第二次世界大戦後は、化学肥料で合理的施肥を実現するために、施肥量・施肥のタイミングを作物栄養学者が実験を重ね、成果を出した。明治、大正、昭和に至る長い道のりを経ながら、北大出身の技術と民間の篤農家の技術で、北方の稲作技術が確立していきます。今では、北海道でも、特別な冷夏の年以外は冷害はほとんど見られなくなりました。
亜熱帯の植物であるイネが、北海道という寒い地域でみごとに生育して、収量に結びつける技術が確立されたのです。明治以前にはできなかったことが、技術として確立した。この北海道稲作の技術の確立は、北海道独自の文化であると言える。北海道の風土に即して考えられた優れた文化とも言えます。
皮肉なことに、北方稲作のこの技術はその後、熱帯の稲作に応用されることになりました。東南アジアは北海道と風土は異なるが、三期作をするなら極早生種の栽培が向いている。そこで、北方稲作で確立された極早生種を基本として、熱帯の三期作が 1960 ～ 70 年代に研究されました。それが緑の革命につながりました。
ぼくの見解としては、緑の革命というものは、化学肥料と農薬に依存した技術であることから、さほど評価できるものではない。だが、北海道で北方稲作として確立した技術は、世界的に評価される事例であるとは言えます。
北方稲作により確立した技術が緑の革命に応用された事実を垣間見て、有機農業、自然農法を実施する立場に立つ者としてはどのように評価するか、複雑な思いがあります。

5　畑作――輪作と有畜という課題

続いて、北海道の畑作農業の歴史について説明します。
明治政府は開拓民に 1 年分の米と味噌を支給し、1 ヘクタール（1万㎡）単位の土地を活用させました。米ができるところに入植した人たちは、米を主食にすることができました。米を売って儲けるようなレベルではありませんが、とりあえず食い扶持として米を得ることはできたのです。

しかし、十勝のような当時米ができないところでは、過酷な状況が続きました。そこで、まず家族の食い扶持としてジャガイモやカボチャなどを作りました。そして、換金用にマメやムギなどを栽培し、米を買った。結果として酪農しかできなかった道北や道東の地域では、開拓民たちは営農の安定までに大変な時間がかかり、大きな苦労を繰り返すことになりました。

北海道開拓のころの畑作は、無施肥農法でした。入植者たちは、森林を伐採して畑にした。もともと、北海道の森林には地力がふんだんにあった。一説によると、40年間くらいは無施肥で農業が継続できたと言われている。

北海道の原生林には地力も有機質も豊富な蓄積があり、それに依存して、開墾後初期の畑作はできた。土地が肥沃なゆえに、入植者たちには、肥料を投じる意識はなかった。当時、化学肥料は出回っていなかったし、肥料を買うお金も持ち合わせていません。そのような状況下で、当然のように無施肥農業をやってきました。

しかし、無施肥での畑作の継続は、やがて地力の消耗をもたらし、土壌侵食が始まった。やむなくその土地を捨て、さらに奥地に入り、木を伐採し、開拓をやり直した入植者たちもいた。また、夢破れて本州に帰った人たちもいた。なかなか同じ土地で定着できなかったのです。奥地に向かってさらに開拓するか、本州に戻るか、行きつ戻りつの開拓の歴史がありました。

北海道の畑作は輪作と有畜が基本です。それがクラーク先生をはじめとするアメリカ人農業技術者の主張だった。とはいえ、輪作とは何をどのような組み合わせで作付けすることなのか、有畜とは何なのか、その具体的姿はなかなか見えてこず、技術は定着しなかった。トラクタが広く普及するまでは馬による畜力作業が大きな役割を果たし、家畜の厩肥も貴重なものでした。

紆余曲折しているうちに化学肥料が登場し、北海道でも化学肥料に依存する農業が定着した。当初は有畜複合農業として導入された畜産は、専作大規模化の方向に進んでしまった。今もなお、北海道畑作における輪作と有畜複合化は定着していない。

十勝では、畜産はほぼ酪農のみであり、大規模飼育であり、家畜の排泄物はどう処理するのか、行き場をどうするのか、困っている。畑作は畑作のみであり、畜産と畑作は別々に営まれているために、堆肥をどうやって調達するのか困っています。堆肥入手が困難なので、結局、畑作は化学肥料の依存から抜け出すことができない状況が継続しています。

6　デンマーク農法——小規模有畜複合の可能性

北海道農業の歴史を読み解くうえで、デンマーク農法が大正末期から一時期もてはやされたことを忘れることはできません。当時その気運は農民たちから起きました。この歴史的事実は北海道の農業の歴史を考えるにあたって、今後の北海道を考えるにあたって、重要なエピソードです。

大正末期の北海道では、畑作営農がうまくいかなくなっていた。そこで、クラーク先生の言う大規模農業ではなく、やや小規模の有畜複合農業こそ、北海道農業の基本だと考える農民たちが出てきた。デンマークのような農業国は、当時も現在も、小規模の有畜複合農業が中心であり、そのデンマークでは協同組合を農民たちが結成していました。

こうして、アメリカ式大規模農業より欧州のデンマーク式酪農を中心とする小規模有畜複合農業を学ぶ気運が北海道の農民に起きます。あわせて、協同組合結成の気運も生じた。１戸１戸の農家は零細だったが、複数の農家が協同の精神で組合をつくりました。

1925年(大正14年)に、酪農民を中心にして協同組合が誕生しました。そして、生産、牛乳加工、販売の一貫した経営ができました。それが、今の雪印につながっている。今の雪印の低迷ぶりは残念だ。雪印は農民の運動から始まったのに、ひとつの資本、メーカーにすぎなくなっています。

北海道では当時、有能な農民のリーダーが活動しました。そのひとりである黒澤酉蔵さんは日本の有畜農業の先駆者のひとりであり、今の雪印の創設者だった。現在では、北海道の農業のなかに、こうしたことが精神的・技術的に、どのように受け継がれているのか。あるいは、その精神や技術はもはや失われているかもしれない。しかし、黒澤さんの活動は重要でした。

7　少年の希望としての北海道

あるところで、「じゃがいもをつくりに」という詩を見つけました。この詩を読んだとき、涙が出ました。実は、この詩を読むために長い前座の話をしてきました。この詩の朗読こそ、このお話の本論です。

この詩「じゃがいもをつくりに」は、百田宗治さん(1893年～1955年)が書きました。百田さんは大阪生まれの詩人で、たくさんの詩集を出している。戦後の一時期、札幌に移住したことがあるので、北海道とも関わりがあり、北海道の中学校や小学校の校歌をたくさん作りました。

百田さんは、「どこかで春が」(1923年)の作詞者としても有名で、この歌はぼくの好きな愛唱歌の１つです。これは東北の歌だと思う。３月生まれのぼくは、この歌を子どものころから歌ってきました。

G　　　　　　　　　D7
どこかで「春」が　うまれてる
G　　　　　　D7　G
どこかで水が　ながれ出す

どこかで雲雀が　啼いている
どこかで芽の出る　音がする

G　　D7　　G こち　　D7
山の三月　東風吹いて
G　　　　　　　D7　G
どこかで「春」が　生まれてる

1947年、戦後まもなく、小学校５年生の国語の教科書に「じゃがいもをつくりに」は載せられた。敗戦後の日本には、まだ閉塞感が漂っていた。どうやって生活を建て直し、どういう文化を創っていくのか。誰もが悩んでいた。その時代に、文部省は民主主義を目指し、この文章を教科書に載せました。

じゃがいもをつくりに

百田宗治

じゃがいもを見ると、ぼくは、北海道のいなかを思いだす。
みわたすかぎりのじゃがいも畑のうねの向こうに、
いつもぽっかりとういていたえぞ富士。
あの山のすがたが、小さいころのことを、
いろいろ思いださせる。
ぼくが津軽海峡をこえて内地にきたのは、
ぼくの２年生のときだった。
津軽海峡の海の水が、こいみどり色にゆれて、
ぼくは、船のかんぱんに、おかあさんとふたりで立っていた。

北海道の家には、うしが４頭いた。
みんなちちうしで、ぼくによくなれていた。
うちではバターもつくったし、
こむぎこで、おいしい、やわらかいパンもやいた。
おかあさんがパンをやくそばで、
ぼくは、いつも本をよんでいた。
ぼくのいすは、ちいさなゆりいすで、
その下に、いつもかいねこのメリーがいた。
アカシアの花が風にゆれ、
畑では、いちごがさかりだった。

おとうさん、
ぼくは、大きくなったら、また、おかあさんといっしょに北海道へいきます。
北海道へいって、じゃがいもをつくります。
それから、えんばくをつくります。
ぼくは、おとうさんと同じように、ちちうしをかって、

自分でバターをつくります。
やぎもかいます。
やぎ小屋のまわりには、おかあさんのおすきなライラックを植えましょう。
おとうさんに、負けないよう働きます。

日本のこくぐらは、北海道だといいます。
さっぽろに農学校をつくられたクラーク先生もおっしゃった。
「青年よ、大きな望みをもて」
ぼくは、大きくなったら、どうしても北海道に行こうと思う。
北海道へじゃがいもをつくりにいこう。
おかあさんをおつれして、
デンマルクの農業のことを勉強して、
ぼくは、いい農夫になろう。

1947 年小学校５学年「国語教科書」より

デンマルク（デンマーク）が詩に登場するのが象徴的だ。おそらく、少年（百田さん）のお父さんは開拓農民だったのだろう。しかし、お父さんは戦争に行って戦死し、お母さんと一緒に実家に帰ったのだと思う。少年は、勉強して北海道に帰ることを希望している。

胸を打つ詩です。当時の少年の希望が綴られている。少年にとって、北海道は希望の地だ。北海道の地が少年の希望をかきたてたのです。

1947 年、戦後まもないこの当時、北海道は少年の希望の地だった。これは百田さんの思い込みかもしれない。あるいは、ぼくの思い込みでもあるかもしれないが、少年の想いにぼくは共感します。

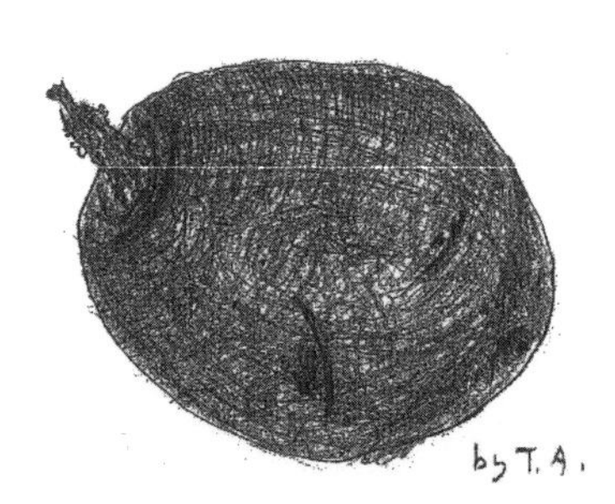

8　北海道「再開拓」の時代——北海道文化の再創造

「じゃがいもをつくりに」のころから70年近い年月が経った。北海道は、今も少年の希望の地であるのでしょうか。

この10年間、ぼくは用事があって札幌に通い、北海道の状況を友人から聞いてきた。離農が増えたと言う。ちょっと車を走らせると、廃屋が見える。採草地が草ボウボウになったりしている。国道沿いだと分からないようだが、ちょっと脇道に入ったり海辺に行ったりすると、離農した農地が見えます。

2012年には年間746戸が離農し、1万ヘクタールが離農した土地となった。地域の熱心な人たちが、離農した土地を買ったり借りたりする例はあるだろうけれど、それでも耕作放棄地が1万ヘクタールもあるのだ。

TPP攻撃は今後ますます激しくなっていくだろう。政府は稲作・畑作の規模拡大を目指しているが、日本の規模では所詮、アメリカ、オーストラリア、カナダに太刀打ちできるはずもない。TPPに対して、無益な闘いをやらざるを得ない状況にあると言える。そして、規模拡大に参入できない零細な農民は墜ちていく。10ヘクタール程度の面積しか所有していない農家は、北海道では零細農家だ。10ヘクタール程度の北海道農民は墜ちている。今後も北海道が希望の地であるのか、暗澹たる現状があります。

明治維新の1868年から北海道の開拓が始まり、もうすぐ150年経つ。当時、北海道に侵入した倭人たちはアイヌたちを追い出し、勝手に国有地宣言し、そのうえでアイヌの人たちに条件の悪い土地を割譲するという、おぞましいことをした。倭人たちはそれで成功したのでしょうか。

150年の歴史を考えると、来るところまで来たと考えざるを得ません。北海道内で活動されている方には別の考えがあり、違う想いがあるかと思うが、ぼくの考えでは、北海道はもう一度体制を整え、再改革する時代がきたと思います。

ぼくは、熱い想いで北海道の再改革を考えています。北海道の独自の文化のパターンを考えると、デンマークに学んだ小規模有畜複合農業は間違っていないと思う。ただし、現実の北海道では、それは夢の夢でしかない。では、どのようにやり直せばいいのでしょうか。

第5章

農業生物学を志して

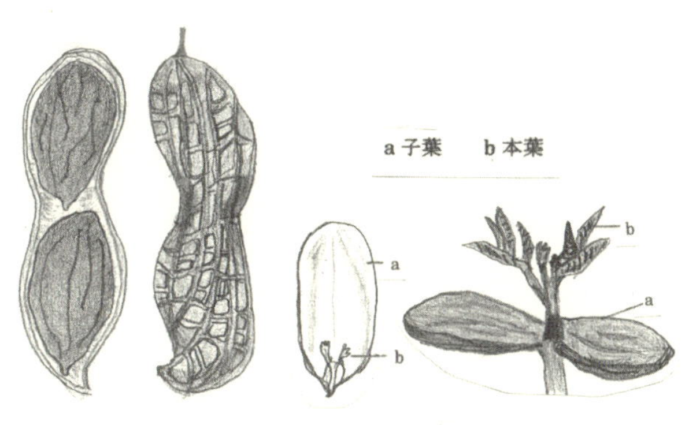

ラッカセイ（落花生）　Arachis hypogaea L.

地中で実り、ふたたび地上へ…

1　幻想としての「農業生物学」

⑴　農業生物学科——その学的根拠？

①生物学と農学の歴史へのアプローチ

ぼくは肩書が何もない人だから、自分の勉強部屋のことをもう30年以上「農業生物学研究室」と称してきました。文章を書いたり講演をしたりするときも、全部「農業生物学研究室主宰」でやってきた。そこで、ここでは、ぼくとしての農業生物学への想いをお話ししてみましょう。できるだけ、われわれの世代がどういうことを考えてきたのかのひとつの例として話を聞いてもらえればいいかなと思います。

農業生物学っていったい何だということなんですが、実態としてはこんな学問はどこにもない。いまだかつてなかったし、これからもおそらくまずないだろうと思います。だけど、農業生物学っていう名称が使われていないわけではない。大げさに言うと、生物学の歴史、あるいは農学の歴史へのひとつのアプローチと言ってもいいかもしれません。

ぼくが卒業したのは北海道大学(以下､北大)の農業生物学科です。国立大学の農学部で、農業生物学科があったのは、北大と京大だけでした。いまはもう解体されています。その後、東大では農学科が、たぶん1980年代に農業生物学科と改称している。北大と京大には農学科が別にありました。農学科には作物学、園芸学、育種学などの研究室があり、農学部の中核の学科でした。北大にも農学科があって、それとは別に農業生物学科があったのです。

だから1980年代には、北大、京大、東大の3つの農学部に農業生物学科が奇しくも共存することになった。おそらく、この中で農業生物学科として一番古いのは北大でしょう。北大農学部の同窓会名簿を調べたら、1895年——明治の後半です——に、すでに第一期生がいる。

北大農学部の前身の札幌農学校は1876年(明治9年)にできて、1907年(明治40年)に東北帝大農科大学になる。東北大学は戦後に新制大学として今の形ができるんですが、それまでは札幌の北大が、東北大学の農学部、帝大の農学部だった。それで、北海道帝国大学ができたときに、東北帝国大学農科大学が北海道帝国大学の農学部になるんです。それ以外に医学部ができたり工学部ができたりして、総合大学になって帝国大学になるのですが、それが 1918 年(大正7年)です。

そうした北大の歴史から見ると、1895 年というのはまだ札幌農学校の時代ですが、そのときすでに農業生物学科があったようなのです。学科としては相当に古い。

②植物生理学講座へ

ぼくも三浦和彦君も、北大入学、教養部理類を経て、この農業生物学科の植物学分科に進学します。植物学分科と動物学分科に分かれていて、それぞれの定員がなんと 5 人。当時、全国の国立大学で一番定員数の少ないところです。

北大では入学して 2 年目の後半に、それぞれ希望の学部に入ります。ぼくは農学部を選び、農業生物学科の植物学教室に入りました。すると、いきなり共同の研究室を与えられ、ひとりひとりのデスクがあって、顕微鏡が 1 台ずつあって、本棚がある。それで、君たちは今日から植物学者ですというふうに遇される。それは学生が少なかったということもあるけれど。先生方の講座研究室とは別に、自分たちが実験する学生実験室があるという意味で、非常に恵まれている雰囲気ではありました。

ぼくが学科に入ったのは 1965 年です。札幌農学校が前身ですから、基本的には実学です。そのための基礎として生物学は必要というのは、ある面で当然で、実学の基礎科目としての生物学を教える、あるいは研究する学科として、農業生物学科があったようです。帝国大学になり、戦後の新制大学になってもその伝統があって、農学部の植物学教室。論文を書くときの所属も、ディパートメント・オブ・ボタニー(Department of Botany)です。

ぼくたちが勉強したのは植物学です。講座は 3 つあって、第 1 講座が病理、三浦君はここに入ります。看板には植物寄生学樹病学講座となっていた。だから、樹木の病気も一応扱うことになっていた。第2講座にぼくは入ったんですが、そこの看板は植物生理学。第3講座は植物ウイルス病学。それから講座外で応用植物学研究室という看板もあり、植物地理学とか植物分類学とか、北方植物の研究をしていました。ですから、研究室としては4つあった。

病理系が圧倒的に強くて、その中に生理、生態、分類、地理が混ざっている教室だったのです。ぼくは病理をやるつもりはまったくなかったので、植物生理学の教室に入ることになります。この第2講座は、1908年(明治41年)にできています。東北帝大になったときに、正式にできあがったようです。植物生理学という看板が立つのはその10年後です。

動物のほうは応用動物学、これは哺乳類ですね。ネズミとか、建前上は農業に害を及ぼす小動物。だけど、実際は小熊の研究をやったり、テーマはいろいろで、北方動物のひとつのセンターとなっていました。生態学が基本でしたね。それから昆虫と蚕の研究室(昆虫病理学)があって、たぶん研究室は3つだったと思います。

これら全部を合わせて農業生物学科と称していました。ですから、農業生物学というひとつの学問体系があってそれを各研究室が分担するということではなく、寄せ集めです。北大では1930年(昭和5年)に理学部ができます。理学部にも、植物生理学と動物生理学など農学部と同じものができます。そのときには農学部のスタッフが理学部に一挙に移動して、生物系については農学部のスタッフが中心になりました。ぼくの所属した植物生理学研究室でも、当時の教授は理学部に行って、理学部の初代教授になった。

そして、一つの大学に二つの植物生理学講座があるのはよろしくないということで、農学部のほうは1930年に作物生理学となりました。ただ、看板は昔の植物生理学のままで、学生はずっと植物生理という言い方をしてきたんです。

農業生物学という学科が全国に3つあったのでそういう学問があるという印象を与えるけれど、実際には学問としての体系性はなく寄せ集め。とくに北大の場合は、理学部に主力が行きました。病理はさすがに理学部に持っていけないので、農学部に残った。生理の教室もつぶすわけにはいかないので、作物生理学にしろみたいなことでね。残ったものがそのまま農学部として存続するということで、そこには学的体系性はほとんどなかった。

③大学闘争で問うたこと

1960年代末からの大学闘争のとき、ぼくは大学院生でした。北大全学の闘争はともあれ、自分たちの学科の中でちゃんと闘いをしないといけないだろうということになって、ひとつのテーマは農業生物学っていう学問はあるのかないのかっていう議論を教授たちとやった。それはないんだということを言わせたかったんだけれど。

彼らはいろいろと理屈を言っていたけど、結局は説明しようがない。そういう体系はないです。こういう専門性を身につけて、こういう発想を持って世界に飛び出しなさいといった積極的な教育方針も、学的な雰囲気も、基本的にない。現実にはそんなものはないのだということを確認することが、ぼくたちのひとつの目的だった。

でもね、古き良き植物学教室についての「共同幻想」は教室全体にあったんです。ここは伝統のある古い札幌農学校の時代から続く、植物学を研究する日本有数のセンターだ。そこにわれわれは育ち、植物学者として巣立っていくんだという雰囲気が、ぼくらの時代まではまだあった。しかし、それは共同幻想であり、他の学科もひとつの学問としての体系性はなかった。どこの学科もみんな講座、研究室の寄せ集めにすぎないということだったのです。

これはとても大事な問題だったと思います。農学全体にしても、「農学とはかくあるもので、こういう学的な必然性があり、こういう体系性があり、そのなかで君たちはこういうことを今学んでいるんだ、こういう研究をしているんだ」というきちんとした位置づけがどの学科、どの研究室もできない状態に、少なくとも1970年代にはなっていた。ぼくたちがたまたまいた学科だけが無策で過去の伝統にあぐらをかいてという話ではなくて、農学全体がそこまで追い詰められていた。今から見るとそう考えてもいいかなと思います。

だけど振り返ってみれば、自分のアイデンティティは植物学で、それはひとつの共同幻想であったとしても、大事なことだったと思います。今の自然科学系はどんどん狭く細分化している。自分の位置、自分の存在が全然わからなくなっている、とくに今は。すでに1970年代からそうでした。

そのようなときに、ぼくはある種の全体性、少なくとも植物学という全体性のある世界で育っていった。将来もこのひとつの枠の中に自分の仕事というか人生をはめ込んでいくのだという意識。一種のアイデンティティですね。これは大切だったと思います。

今の多くの学生はアイデンティティがゼロでしょう。今の大学には共同幻想すらないと思う。ぼくたちは、大学の中で共同幻想をそれなりに味わう最後の世代だったのかと思います。

農芸化学には学問としても古い歴史がある。日本農芸化学会という学会もあります。けれど、農芸化学という学問ほど細分化の進んだ学問はなくて、いまは全体がわからない状態になっていると思います。一方、農業生物学には学会もない。学問的体系はそもそもないから学会もない。したがって虚構なのですね。

北大でいうと1997年に学科再編成があって、この古き良き植物学教室は解体されて、その後、生物資源科学科という学科名になりました。全国の学科で学部の再編成がおきて、農という言葉をなるべく使わないとか、資源学だとか環境とか、そういうはやりの言葉を使って学科の名称を改称して、学生をなるべく農の雰囲気のないような状態で農学部に集めようということに、今なっているわけです。

1960年代、70年代には、大学の農学はこうした状態に陥ってきていた。それは、日本農業の解体期への移行と対応していたと思います。米の自給も昭和30年代末にはおおよそ達成したし、次は米離れという世相となり、米の増産という農学の大義名分がなくなっていく。増産増産でやってきた農学者たちは目標を失っていく。そういう農業の解体期。

戦後の食糧増産期には良い悪いはともあれ、大学の農学部もそれなりに活性化されていて、農学にもそれなりの目標があった。その中心は化学肥料や農薬を多投するっていう技術だったわけですが、それでもまだそれなりの夢もあって研究者たちは瞳輝かせて増産に励んだ時代だった。ところが、1970 年代に入るとそういう雰囲気は失せて、農業自身が目標を失っていたわけです。ですから、大学の農学部も、何を研究していいか目標を失うという状況となり、農学も実質的に解体していくわけです。

学科再編成っていうのはこのような解体過程を反映していました。ぼくのいた研究室も、研究室としては生き残っているけど、農学としてどういう関係を持っているのかとか、日本のこれからの農業に対してどういう展望があるのかということとは通じ合えない存在となってしまっていたように思えます。そんな解体、喪失の時代の先駆けの 1960 年代後半に、たまたまぼくらは大学に入っていたということだったのです。

しかし、その後そこでものすごい問題が出てきた。農薬の公害とか食品の公害とかの問題です。それらが 1970 年代に一気に噴出しました。そのとき、日本の農業、農業技術を、そして農学のあり方をどういう方向に変革していくかというテーマに、ぼくたちは直面したのです。しかし、現実にはその変革は進まず、解体の方向に一気に向かってしまった。

求められていたことは、解体ではなく、パラダイムの変更に伴う農学の再編成、再構築だったのです。時代の動きをしっかりと見つめて、新しい農業のイメージ、新しい農学のイメージを提起することが求められた時代だった。そのことに少なくとも大学側の人間はほとんど無自覚だった。当時のぼくたちはそのように思ったというわけです。

⑵　農業生物学――人民の科学？

農業生物学という言葉には独特のニュアンスがあるとぼくは考えています。

少し脈略が違いますが、旧ソヴェトにルイセンコという研究者がいて、彼は 1954 年に『農業生物学』という本を書いている。これはすぐに日本語に翻訳されて、ぼくもずっと後に読むんですけども。この本でルイセンコは農業生物学を、いわゆる共産主義国家であるソヴェト独自のイデオロギーに基づく独特の生物学、独特の農学体系として主張する。

ぼくはルイセンコの学説に、学生時代にものすごく惹かれました。ルイセンコは戦後まもなく、ぼくらの父親の世代にいろいろと議論され、ぼくはそれから15年経った後の世代なんですが、すごく惹かれたのです。

彼の考え方は、簡単に言うと、生物と環境とは一体である、生物が環境を選び環境も生物を選ぶというものです。生物の生きる力と環境の関係をとても重視します。環境が変化すれば、生物はそれに対してうまく適応していくと。

そして、その適応していく仕組みを彼なりに説明している。その適応は次の世代にも継承されていき、生物は環境にうまく適応する形にどんどんと進化してきたという考え方で、ある世代に起きた変化が次の世代に継承されると言う。これを生物学では獲得形質の遺伝といいます。現在の生物学では普通否定されているけれども、親の獲得した形質が子どもにも伝わっていくのだと彼は提唱する。

これは当時の日本でもアピールした、とくに育種をやる人には。上手に植物の環境を変えてやれば、植物はその環境に適応して変わっていけるんだということをルイセンコは言ったのです。たとえば、冷害に強いイネを作ろうとします。ルイセンコ流の考え方だと、低温にあてるとその植物は基本的に低温に強くなる。その植物から種子を取って播くと低温に強くなっており、これを何年も繰り返していけば、やがて本当に強いイネができるはずだ、環境に適応していくように生物は変化していくんだから、育種っていうのは無限の可能性がある、と彼は言ったんです。

日本の育種学者の多くも彼の理論にものすごく惹かれて、一時期は信奉者が増えた。しかし、それを支える理論の裏付けを実証的に提出できなかったこともあって、この考え方は現在では否定されることになっています。

そのルイセンコが『農業生物学』という本を書いた。だから、農業生物学っていう名称は、とくに左翼的な、ソヴェト流のものの考え方に惹かれた人たちにとってみれば、独特のニュアンス、ある種の思い出がある名称なのです。

⑶ 分子生物学興隆直前

遺伝子DNAが発見されたのは1950年代で、それが生物学の理論の中でほぼ確立するのは60年代に入ってからです。ぼくが大学に入ったのは、いわゆる分子生物学が興隆する直前でした。細胞の中の遺伝子がどういうもので、遺伝子がどういう働きをするのかっていうことがまだ具体的に説明されない、その直前の時期。そういう意味では、生物学の理論は混沌としていました。

ところが、ルイセンコは遺伝子の存在を否定している。つまり、細胞全体が遺伝子であり、核の中にある小さな遺伝子みたいなものに細胞が牛耳られるはずがないと。細胞全体あるいは生命体全体が遺伝的働きをする主体であって、したがって細胞や主体全体に環境がある一定の影響を及ぼす。遺伝子が変化するのではなくて、細胞全体あるいは生命体全体が環境にすりよっていくということなんだと彼は言う。

ぼくなんかは今でもそう思っています。しかし、そういうことではないということがその後解かります。やはり遺伝子というのが存在し、基本的には細胞は遺伝子の指示に従って動いていくと。この遺伝子というのは基本的に変わらないと。そういう遺伝子DNAの理解が今ではほぼ確立していて、彼の考え方は幻として終わるわけです。生物学もそういうことがまだ明確ではなかった時代だったということです。

⑷ 東西冷戦の中での「生物科学」

当時は東西冷戦の真只中でした。そのころスプートニク衛星が上がった。最初に人工衛星を上げたのはソヴェトだったので、アメリカ資本主義の科学よりもソヴェトの科学のほうが優れているという声が上がりました。社会主義、共産主義のほうが資本主義よりも正しいと。ソヴェトの科学のほうが優れているということを進歩的な科学者たちは言って、ぼくらの時代はロシア語を勉強しました。自然科学を勉強するにはロシア語を知らなきゃ話にならないということで、ロシア語の講座は人気があった。

ルイセンコがわざわざ農業生物学と言っていたのは、科学と生産は結合すべきだ、だらだらと科学なんかやっているな、という話なんです。良い生物学は農業生産に役立つものじゃなきゃいけないと。俺の理論によって品種改良していけば生産性も上がると、彼はデータも示して言う。科学というものは生産と結合しなきゃいけない、生物学は農業と結合しなきゃいけない。そういう生物学でなければいけないということで、彼はわざわざ生物学に農業という言葉をつけて農業生物学と表現したわけです。

ただし、今から考えてみれば、ルイセンコの言う科学と生産の結合というのはある種の生産力主義です。たくさん物を作らなければいけない。科学はたくさん物を作ることに従属する。そういうノルマが科学に与えられていて、しかもそれはソヴェトという国家によってすべて支配されて、共産主義社会の中で制度化されている。科学者が奴隷のごとく権力のために働くということだった。ルイセンコはその典型だった。

こうしたソヴェト生物学、あるいはルイセンコの農業生物学全体をぼくは支持するつもりは全然ないけれど、彼が夢想した生命観はこれからの時代にも有効性はあると思います。

このルイセンコの考え方は、自然農法の考え方とも通じるところがある。つまり、連作をして種採りをしていくというあり方、これはある一定の環境の中である特定の植物をずっと育てあげていくことなのです。いわゆる連作をし続けると、植物(作物)がその環境にだんだんなじんでいき、それが種子によってつながれていく。これはルイセンコ流の考え方だとも言えます。ぼくも惹かれますね。本当にそういうことだとするならばですけれど……。

今のところ、ぼくは自然農法の皆さんの植物や田畑の様子を見て、連作と自家採取によって植物が本当にその地域にみごとに適応していくという様子を確認はしていないので、本当にそうなのかどうかは判断できません。ただ、ものの考え方としてはすごく惹かれるところがあります。

農業生物学というのはそういう世界を表現する言葉でもあったのです。ルイセンコが『農業生物学』という教科書で書いた世界は、現在ではほぼ否定されていて、正統的な生物学者からはほとんど無視されている状態にあります。いまだにルイセンコに後ろ髪を引かれているのはぼくひとりくらいかもしれないし、いずれにしても少数派です。

1956年の『生物科学』という日本の科学雑誌に、ソヴェトにおける施肥理論をめぐる論争が載っています。ルイセンコは、有機物を入れることはものすごく大事だと言っている。その論拠は、有機物は植物の餌にはならないが微生物の餌になる。土づくりの手段になるので、有機物を入れないとダメだと。仮に化学肥料を使うとしても、化学肥料と堆肥を一緒に使えと。堆肥を使うことによって微生物が増えてくるので化学肥料の利用効率が高まるというようなことを言った。どこかで聞いたことのあるような議論です。今になってぼくらが夢中で議論していることを、このころにルイセンコは言っています。

施肥理論に関しても、今のぼくたちの議論に通じることを50年も前に言っていた。へぇと思って読みました。堆肥は有効だっていうデータを出しています。ただし、彼は実験データの取り方が下手で、このデータじゃそういうことは言えないなと、ぼくなんかも思います。しかし、考え方としてはよくわかる。彼は一貫してロマンチストだという気がします。哲学者であって、科学者ではなかったのかもしれませんね。

というわけで、農業生物学という学問の体系はそもそもなかったのですが、札幌農学校の学科名になっていたということ。戦後にルイセンコが独特の農学観というか生物観を提示し、農業生物学という言葉は彼がまとめた教科書の名称になったということ。ある種独特なニュアンスのある名称として、その世代の一部の日本人研究者たちには響いているということを指摘しておきます。

2　わが「農業生物学」——ひとりの生活者、そして科学者として

(1)　大学院を中退する

農学部農業生物学科植物学教室の植物生理学講座で、実験材料にジャガイ

モを使ってぼくは研究をしていました。大学闘争があって研究室から１～２年離れます。闘争が終わって帰るところがなく、しょうがないんでまた研究室に戻りました。嫌だなと思いつつ。

それまでは割に一生懸命勉強していたし、実験が大好きだったから、実験をよくしていたほうでした。ところが、闘争が始まって研究室から離れ、そして闘争が負けて、行くところがない。朝、子どもを保育園に預けて、毎日行くところがないから、どうしようかと。じゃあ映画でも観に行くかというようなことをしばらく続けていた。

しかし、どこかで自分のやってきたテーマについても決着をつけないといけないかなと思って、その後１年くらい実験室に通ってデータをとりました。ドクターコースの３年目になるときだったんです。一応このままやれば学位論文としてまとめられるかなというところまでいったけど、三浦君たちといろいろ話をして、やはり大学院を退学しようと決意するに至ります。

学生時代からぼくがずっと考えてきているのは、生物がどうやって環境に適応していくかということです。これにはものすごく関心があります。生物が徐々に徐々に環境になじんでいって、環境とうまく折り合いをつけていく。それが生物の魅力です。いったい、それがどういう仕組みなのかはわかっていない。生物学で今でも重要なテーマであり続けています。

大学院生のころ、ぼくは生理学あるいは生化学という分野に身を置いて、細胞レベルで、ある細胞にある環境条件を与えるとその細胞がうまく環境に適応していくように振る舞う具体的な様子と仕組みを、細胞レベルあるいは物質レベルで調べたいと考えていました。ぼくが研究者としてとどまるのであれば、これをライフワークにしたいと思っていました。でも、それは潰えたわけです。

実験室を離れたぼくは、実験科学は何もできません。実験的にやることはまったく諦めて、40年あまりも過ごしてきました。生物が環境にどうやって適応していくのか、それが次の世代にどういう仕組みで継承されていくのか。実験室的な科学を武器にして解くことはぼくにはもうできないわけですけれども、農業などをやりながら植物にふれつつ、このことをずっと考え続けていきたいなと今でも思っています。そういう意味で、これはぼくのライフワークです。

先ほどもお話ししたように1960年代の末に大学闘争が全国的に起きた。大学闘争といってもいろいろな立場があったんですが、ぼくは全共闘の一味に与することになります。全共闘運動といっても非常にいろいろです。学部の学生で全共闘に入る場合と、ぼくらのように大学院の学生で目の前に研究者の札がぶら下がっているような状態でやるのとは、かなり違います。全共闘運動が何だったのかはいろいろ議論されていますが、そのときその人がおかれていた状況によって、みんな違っていたと思います。

ぼくなんかは非常に抽象的で、科学批判というか、当時の制度化された科学を批判し、産学共同路線粉砕と言っていました。大学での科学が結局は国家や資本を支える重要な位置に組み込まれていると。科学なしに日本の国はあり得ませんからね。とくに今は。STAP細胞騒動というのは、金になるから国も対応しているし、理化学研究所も利権があってああいう研究に焦るわけです。今は科学は本当に制度化されていて、それ以外の科学は存在できないとも考えざるを得ない。

1960～70年代にかけては、まだ緩やかな時代でした。科学は自由にできるんじゃないかというようなことが、まったくなかったわけじゃない。しかし、そんなことは幻想だと考えて、アカデミズムにいることは潔しとしないというふうに、ぼくたちは総括することになります。

(2) 民間農法に学ぶ

大学闘争のときの総括は非常に理念的・抽象的で、今その時のぼくらの文章を読んだりすると恥ずかしいかぎりなんですが、大学を退学してから「耕作集団あくと」と名乗って、『科学と技術の課題』という冊子をつくりました。そして、ぼくら夫婦と三浦君の3人で、宇都宮のヤマギシ会系の農場に丁稚奉公に入ります。1972年の春です。研修生などというのはなかった時代に、ぼくらは農業の現場に研修生として入ります。当時のぼくたちは、やっぱり気負いがありました。気負いがなければ、そんなことはできなかったと思います。

極端に言えば、自分の将来というか未来を捨てて百姓になろうと思ったわけで、相当な意気込みというか覚悟がなければできなかった。今はもっとすんなりとそういうことができるので、うらやましいかぎりですが。

そこで、大義名分が必要だということになり、３人で議論して三浦君がまとめてくれた。それが『科学と技術の課題』の最初の号に載せた「学園から農場へ」という文章です。そこには農業の現場にとにかく入っていかなければいけないんだというぼくらの意気込みが書いてあって、今読むと恥ずかしいかぎりではありますけれども、これもひとつの歴史です。

ここで書いたことは間違っていないと、今でも思います。プロの科学者にはならない、プロの研究者にはならないのだ。ひとりの生活者、ひとりの人間として農業をやりながら、そして同時に科学者たろうとしていく。そういうあり方です。ぼくらの場合は、農民になりきってしまおうというわけではありません。かと言って、もはや制度の中の科学者には戻れない。現場で農業実践に取り組み、そのなかで、自分たちなりの新しい生命観、新しい農業のあり方を求めていくという、とても厳しい道を選ぶことになりました。

ただし、それではあまりにも漠然としている。民間農法に学んだら、どこかにヒントがあるにちがいない。つまり、大学の農学部で行われていた農学にはケリをつけたわけだから、農薬や化学肥料を使わない技術をわれわれが発見していくんだという意気込みがあった。当然それは民間レベルにあるにちがいないので、民間農法に学ぼうということは、最初から考えていました。そこで出会ったのが山岸式農業養鶏法です。

1971 年、まだぼくが大学院の学生だったころですが、「自然保護から自然奪還へ」という論文を書きました。ぼくの処女作です。この中で大事なのは、俺たちはエコロジー派ではないぞということ。ぼくたちは農業派だと宣言しています。自然と人間との関係が問われていることは事実なんだけれども、自然の豊かなところに行ってナチュラリストとして生きていくということではない。人間がどういうふうに直接自然に働きかけていくのがいいのかが問われているのだ、そこは第一次産業、とりあえず農業だろうと。

だから、いまだにぼくらはエコロジー派じゃないです。ナチュラリストであってはならないと、今も思っています。

農業の現場で、それも生き物を自分たちで育てながら考えていくというスタイルが、ぼくたちにはごく初期からありました。そして、1973年に『朝日ジャーナル』に「ある農場からの報告」という文章を書きました。28歳のときです。これが、その後の「たまごの会」の活動につながっていくことになりました。

先ほど述べた山岸式農業養鶏法とは、いきなり出会いました。民間農法に学ぶんだとぼくらは何となく思っていたけど、山岸式農業養鶏法というのがあるということはそれまで全然知らなかった。ある経緯があってたまたま入ることになった農場が、山岸式農業養鶏法の割に忠実な実践農場だったのです。そこの土着の植松義市さんというお百姓さんに2年間お世話になり、給料1万円で勉強しました。ここで、ずっと考えていくことになる生物と環境とのひとつの規範を習った気がします。

一言では言えないけれど、生物の適応力を最大限に喚起する力が環境にはあり、生物にはそれに応える力がある。だから、生物をぎりぎり鍛えろという方法です。この場合はニワトリですが、ニワトリを保護するのではなくて生の環境に放り出すことによって、ニワトリは徐々に鍛えられていく。これは農薬や化学肥料で作物を閉じ込めるのとまったく違う方法、考え方なので、ぼくは目が開かれる思いでした。この考え方は新しい生物学あるいは農業技術のパラダイムになり得ると、ぼくは確信できました。

この出会いは、ぼくたちにとってとてもラッキーでした。これ以降はあまり進歩がないということはありますが、1970年代早々にある結論を与えられたということです。こういう目で生物を見て、農業技術を考えていったら、既成の農業技術は引っくり返せるのではないかと思いました。現在でも、その思いはぼくの確信としてあります。

これを中核にした理論をぼくはずっと、いろいろなところで発言したり書いたりしてきました。そこでは、山岸式農業養鶏法、植松さんとの出会いがひとつの骨格になっています。

3　生産と暮らしの一体化・「耕す市民」——技術を人びとの手に

その後、「たまごの会」がスタートします。茨城県八郷町（現・石岡市）に、東京を中心にした都市住民300世帯が約1500万円を用意して自前の農場をつくります。いわゆる有機農場です。その農場にぼくら夫婦と三浦君と、数人の若手も新しく加わって農場の専従者になり、養鶏と野菜を中心にした有機農業の活動をすることになります。

当時は日本で有機農業運動が始まったばかりでした。たまごの会の運動も有機農業運動の先駆のひとつと考えてもいいのですが、単なる有機農業運動ではなく、生産と暮らしの一体化というか、消費者つまり市民がどうやって農業を取り戻すか、どうやって耕すことを自分の暮らしのなかに取り戻していくかという、いわば壮大なロマンがそこにはあったのです。その象徴として自給農場をつくろうということだったわけです。結果として有機農業をやりましたから、当時の有機農業運動に一定の役割を果たしたことは間違いないわけですけれども。

耕す市民というのは、市民が鍬を持つということなんですが、技術論的に言うと、耕すことつまり物を生産するということと、食べる、消費するということを分離してはならないということが、最初からぼくらのなかにはありました。生産者が食べるということを失っていくことで技術が堕落していき、しかも人間の食べ物として必ずしもふさわしいものを作れなかった。それは誰もが言う。そのなかで生産と消費、都市と農村の連携みたいなことがでてきます。

しかし、ぼくたちはむしろうんと素朴に、一人の人間のなかでそれを統一したらどうか、「作り・運び・食べる」を運動のスローガンに展開して、食べる人がちゃんと耕す、耕す人が食べるということのなかで技術の磨きがかかっていくんじゃないかと、思っていました。

たまごの会はそういう理念と技術論から始まりました。その後、ぼくは東京に出て「やぼ耕作団」をつくり、2000年以降は「農的くらしのレッスン」という小さな市民向けの農学校を友人とつくって、しばらく札幌に通います。一貫して、普通の市民が農というものを自分の暮らしのなかに取り戻していく活動に力を尽くしてきました。

そのことと農業生物学は、どう関係があるのか。

たまごの会の農場を出て東京に行ってから、ずっと定職に就かずにきました。でも、文章を書いたり話したりするときに肩書がまったくないと、相手が困ります。ぼくは「革命家」でいいのですが、相手が困るようなので、農業生物学研究室をでっち上げました。すでに話したように、実体はなく、ぼくの小さなデスクが農業生物学研究室です。1981年以降、この肩書きでずっときています。

この看板でぼくが考えてきたことは、農業の生物学的原理です。ぼくはもう実験はできませんので、たとえば小松崎先生の出してくれたデータなどを利用しながら、自分の農的な経験も含めてその人間学的原理をまとめてみようということです。わざわざ人間学的と言うのは、人間と生物の関係が問われているわけで、だから人間が入る。

それは単なる理屈のうえでの媒介項というわけではありません。倫理という行為がある。つまり、どういうものであるかという自然科学的な説明だけではなく、人間としてそれに対してどう生きていくか、どうあるべきかという倫理の問題が絡んでこざるを得ない、実存的な課題なのです。

もともと自然科学の人間で、倫理というようなものには弱いんですが、ぼくが農業を考えていくにあたっては自分の暮らしから入ってきています。どういうふうに生きていくのがいいのか、農業をどういうふうに取り入れるべきなのかという倫理を、同時に考えていかなければいけません。ぼくはいま人と社会のあり方も含むこととして農業生物学を捉えています。

この40年ほどの間に現代農業技術批判について、山岸式農業養鶏法から学んだ視点から、そしてぼくの農業生物学の立場から、既成の農業技術をどう考えるか、これ以上言う必要はないくらい発言してきました。

一方、もうひとつぼくがやりたかったのは、植物学者であるひとつの証でもあるんですが、畑で栽培されている「作物」というものが実は生きている「植物」であり、そしてどのような植物なのかを農民や農業実践者はもっと知ったほうがいいという探究です。ぼく自身も含めてですね。そういう農業生物学の視点からの作物誌はあまり書かれない、発表されたりしていないので、これはぼくの仕事かなと、この10年くらいは勉強してきたつもりでいます(校訂者注：著者は作物誌に関するメモ、スケッチ類を多く遺しており、近く刊行される予定である)。

4　振り返って

学生時代以来、農業生物学を志して、半世紀近くぼくなりに歩いてきました。その間に紅顔の美少年も老人となってきたわけですが、奇妙な履歴を持ったぼくが自然農法の実践者と出会うことになったのは、ある種の天啓のようにも感じます。

幻想としての農業生物学ではありましたが、ぼくなりの農学について一つのものの考え方としてまとめあげる時期にきたのかなという気持ちになってきました。技術的にはずっと有機農業ということでやってきたのですが、そこから一歩踏み出して考えられるようになってきたのです。

2年ほど前に秀明自然農法の皆さんと出会いました。化学肥料はもちろん堆肥もほとんど使わない技術が自然農法ということなのでしょうけれども、農業生物学を志してきたぼくにとっても、それはとても興味深いわけです。

化学肥料を使えば作物ができるのは当たり前と言われてきた。有機農業の展開のなかで、堆肥を使っていれば作物ができるのは当たり前だと言えるようになってきた。でも、本当からすれば、化学肥料も堆肥も使わずにやるのが農業でしょう。自然農法の皆さんとの出会いのなかで、そういう取り組みと課題を眼のあたりにしました。それにはうんと知恵が必要だし、技術が必要だし、経験も必要だし、本当に人間の英知がそこで試されます。

そういうふうなことを自然農法の皆さんから学んで、ようやくぼくも、質的にも量的にも低位の有機物投入を基本とする持続型農業について定義できるようになってきました。その定義はまだ曖昧さを残していますが、そういうところまでぼくたちはきたんです。

ここに至って、改めて植物のことももう一回勉強しなきゃいけないし、土のことも勉強しないといけない、微生物のことも勉強しないといけない。農業に関連するさまざまな自然現象、それから人間ですね、自分ですね、暮らしですね。そういうこともすべて考え抜いて、体系として整理し、ようやく自然農法というのは成り立つのだろうと思います。

実際の農業は必ずしもそんなことを考えずにやるわけですが、それを意味のある農法として主張するには、そういうことをすべて考えないといけません。自然農法の実践者たちは今、その課題に立ち向かっているわけです。それに対してわれわれが、その説明のお役に立ちたいと思って、まとめの作業をやってみました。

ぼくの農業生物学の最後のまとめの時期にこういう出会いがあり、こういう課題を与えられて、こんな幸せなことはないと思っています。ぼくなりのまとめしかできないけれど、それがぼくにとっての農業生物学、ぼくの農学のひとつのまとめになるのかなと思っています。

解説

著者にとって第５章は、いささか甘酸っぱい語りの章ではなかっただろうか。

大学に入学し、教養課程を修了して農業生物学科に移行し、学部を卒業。さらに、大学院に進んで３年目を迎えた25歳の、新進の研究者・明峯哲夫は、自分の科学への思いを託した「農業生物学」には、実は「学問的な体系がそもそも与えられてはいない」ことを認識することになった。

本文でもふれられているように、「実験が好きだった」著者は淡々と実験をこなしていく。その合間に解説者は、研究室の脇のテニスコートで小一時間テニスをしながら、一緒に過ごすことが多かった。テニスを終えた彼は、すぐにまた実験室に戻っていく毎日だった。

そのような彼が抱いていた農業生物学への夢を実現してくれるはずのこの「寄せ集め」は、明治のころにはすでに札幌農学校の「農業生物学科」になっていた。しかも、その後、北方の学府としての共同幻想を持ち得て、植物学徒を育て、第４章にもふれられるような研究成果をもあげていたのである。

だが、20世紀の世界的な変革の歴史を経て現代科学は根底から問い直され、1970年代を迎える時期に起こった大学闘争のなかで、「農業生物学」もその神話の崩壊が露呈する。若い研究者がこの科学の世界を問い直すには、人生をかける決断とパラダイムの変更という自らを含む革命的展開が求められるという個人史が、本章を通じて語られている。

著者は「植物の環境応答能力」論に最大の関心を持ち続けたことが本書でも読み取れるが、このテーマにおいてもパラダイムの対立が立ちはだかる。生物学的にはすぐれてまっとうな着眼点を持つルイセンコの農学観・生物観を基礎とした「農業生物学」は、分子生物学の興隆の前に学的地位を否定されていく。そして、この状況は、1970年代以降のバイオテクノロジーに席巻される前夜、農学部というアカデミーにも解体を迫る勢いとなる。著者たちはこのような状況にあって、若い研究者としての歩みを始めるという歴史に遭遇したわけだ。

余談だが、彼の祖父は札幌農学校を卒業して北海道帝大の教授になる。厳父、伯父も北大に学んだ。自らもこの大学の歴史に加わることになった著者のアイデンティティが問われる課題であったということも、本章において見逃せない背景かもしれない。

クラークが札幌農学校の生徒に残したあの呼びかけ「アンビションを抱いて」生理学徒となった著者の前に立ちはだかったのは、「農学の時代的転換点」だった。農学全体が「そこまで追い詰められていた」と彼は振り返る。著者や同時代の若い研究者たちは、たまたまこの時代に大学に入っていたのではあるけれども、1960年代から70年代の農学解体の時期に、農薬公害と食品公害などの問題が一気に世界規模で噴出し、近代科学への根底的(ラジカルな)「問い直し」への対応を迫られた。

若い研究者は日本の農業、農業技術を、そして農学のあり方を「変革」し、パラダイムの変更に伴う再編成・再構築するというテーマに直面した。しかし、現実には変革ではなく「解体」に向かってしまう。時代の動きをしっかりと見つめて、新しい農学のイメージを提起することが求められた時代であったのに、当事者である大学人はほとんど無自覚であった。

大学は、農学は、そして農業生物学科は、ビジョンを持って農学を構築し得るのか。方向性を示して研究者を指導できるのか。公害のような技術の加害性を克服できるのか。さらには、人格性を否定するような近代科学の論理を乗り越えることができるのか。これらの課題に大学は応えられないことが露呈する。むしろ、大学はそれらの諸問題の発生源ですらあるというアカデミー批判のなかに著者もいた。

では、明峯の「農業生物学」とはいったい何であったのか。

若い研究者として近代主義科学への批判に積極的な発言をするようになった彼は、ルイセンコの農業生物学の視点が、生物と環境とは一体であり、生物が環境を選び環境も生物を選ぶというものであり、生物の生きる力と環境の関係を重視していることに、いっそう関心を寄せていく。晩年、自然農法の調査研究事業を通じて、有機農業技術会議の研究会においては、ルイセンコの生命観は夢想かもしれないが、「これからの時代にも有効性はあり、……自然農法の考え方とも通じるところがある」とも発言する。さらに、こう指摘する。

「いわゆる連作をし続けると、植物(作物)がその環境にだんだんなじんでいき、それが種によってつながれていく。これはルイセンコ流の考え方だ」

表現型は遺伝型によって一義的に規定されているかのような決定論がしだいに生物技術において優勢になろうとする時代を意識しながら、「細胞や主体全体に環境がある一定の影響を及ぼす。遺伝子が変化するのではなくて、細胞全体あるいは生命体全体が環境にすりよっていくということなんだ」と語り、「ぼくなんかは今でもそう思っています」とも語っている。

しかし、著者はルイセンコ農学を絶対化するのではない。ルイセンコが「科学というものは生産と結合しなきゃいけない、生物学は農業と結合しなきゃいけない」と言い、わざわざ生物学に農業という言葉をつけて、科学と生産を結合させようとしたのは、ある種の近代主義、生産力至上主義だと批判する。

著者の「農業生物学」については、思想的にもうひとつの側面がある。

彼はエコロジー運動との距離を示して「俺たちはエコロジー派ではない。ナチュラリストであってはならないと思っている」と強調し、彼の農業生物学のスタイルは、農業の現場で、自分たちで生き物を育てながら考えていくのだと言う。科学者としての強い関心を民間農法に抱き続け、それが近代主義と対極のもうひとつの技術たり得るという判断に軸足を置き続けた。

自分はプロの科学者にはならない、プロの研究者にはならない、ひとりの生活者、ひとりの人間として農業をやりながら、同時に科学者として生きていく。そのなかで、新しい生命観、新しい農業のあり方を求めるのだ。大学の農学部の農学にはケリをつけたと言う彼は、農薬や化学肥料を使わない技術を発見していく意気込みを民間農法との出会いに見出したと語る。

生物の適応力を最大限に喚起する力が環境にはある。生物には、それに応える力がある。だから生物をぎりぎりまで鍛えろ、という方法論(山岸式農業養鶏法の方法論)に新しい生物学・農業技術のパラダイムになり得るものを確信した。

この出会いは1972年から2年ほどの徒弟的な研修を通じて、生涯の師匠とする植松義市氏から与えられた。著者の論陣は今日まで、この技術観・生命観に支えられてきたと言える。事実、「こういう目で生物を見て、農業技術を考えていったら、既成の農業技術は引っくり返せるのではないか」と語り、「現在でも、その思いはぼくの確信」だとさえ言っている。

本章を通じて、明峯は何を語ったのか。彼は振り返って、こんなことを語っている。

「農業生物学はあるいは幻想であったかもしれない」

にもかかわらず、自分は「農業生物学研究室(という)看板で農業の生物学的原理を考えてきて……いま人と社会のあり方も含むこととして農業生物学を捉えています」。そして、「ぼくなりの」農業生物学は「ずっと有機農業ということで」やってきて、今はさらに「そこから一歩踏み出して」いき、「質的にも量的にも低位の有機物投入を基本とする持続型農業について定義できるようになってきました」と明言している。

「化学肥料も堆肥も使わずにやる」本来の農業には「うんと知恵が必要だし、技術が必要だし、経験も必要だし、本当に人間の英知がそこで試されます」と指摘し、「(そのような農業の)定義はまだ曖昧さを残していますが、そういうところにまでぼくたちはきた」のだと言葉を加えてもいる。

これは、彼がたどり着き得たことへの心からの満足、あるいは、歩み得たこの「道」に対して、またそこで出会った人びとへの、深い感謝の言葉でもあり、それとともに、本書において展開し得た自らの「農業生物学」への自負の表明でもあったと解説者は思う。

なお、本章は、有機農業技術会議の有機農業原論研究会において、自らの農業生物学研究の筋道と思い出、想いを研究の仲間に率直に語ったものである。その場の空気もお伝えするために、基本的に「語り口調」のままに起稿した。

(三浦和彦)

鼎談

ぼくたちの時代、ぼくたちの歩み

明峯哲夫　有機農業技術会議理事長（農業生物学研究室）
三浦和彦　有機農業技術会議副理事長（NPO安全な食べものネットワーク オルター）
中島紀一　有機農業技術会議事務局長（茨城大学）

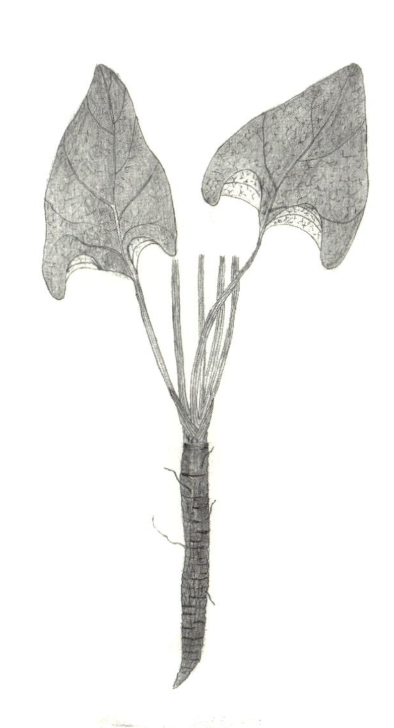

Arctium lappa L.（キク科）
ゴボウ(牛蒡) Burdock

キク科の野菜は少ない。他にチシャ（レタス）、フキなど。

植物採集の伝統

明峯　ぼくは長い間「農業生物学研究室主宰」という肩書きを使ってきました。ぼくの農業生物学に十分な中身が整っていたわけではないけれど、農業生物学はアイデンティティの中核となってきました。それにずいぶん助けられてきた。当然それは乗り越えていかなければいけないんですけれども、若いときにそういう影響を受けるということはすごく大事だったなと思います。

ぼくは一つのあこがれをもって北大農学部に入学し、植物学教室に入る。すると、いきなり植物採集に連れて行かれる。札幌の郊外に、必ず一年に一回採集に行くんです。ぼくはそれがものすごく嫌だった。植物採集をやりにここに来たんじゃないという強い思いがあった。ぼくは植物少年で、小さいころから植物採集は大好きだった。でも、それは卒業して、大学ではもっと解析的な植物学をやりたいって思っていた。

ところが、農学部の植物学教室に入ったら、教授を先頭にして学生たちがぞろぞろと植物採集に行くんです。そこで先生方はいろいろとうんちくを言うんだ。ぼくは嫌だなと思いながら、後ろで聞いていた。でも、今から思えば、あれは植物学教室の古き良き伝統だった。

三浦　農業生物学科の学生には、中学・高校時代から昆虫や植物に親しんできた人と、私などのように大学に入ってから生物学的フィールドに接する人がいて、両者のセンスの差はけっこう大きかった。私は先生方とフィールドに行くのは楽しみだったが、明峯さんが苦痛そうだったのは、よく覚えています。

明峯　その伝統は大学闘争で壊れてしまった。ぼくらの世代が壊したのだと思います。

「君たちはなんだかんだって言うけど、最終的には現場で植物の暮らしを具体的に観察し、植物とは何なのかを理解することが君たちの目標なんだぞ」って、たぶん先生方は言われていたんだと思う、植物採集のその現場で。だけど、当時ぼくはそういうことに気がつかなかった。

植物学教室は農場がなかったから、「現場は自然の中にあって、最後はそこに戻っていく。出発点とゴールはそこにあるんだって」いうことを伝えたかったんだと思うんです。その古き良き教授たちをぼくらは罵倒して、大学を捨てて出てきてしまった。何と残酷なことをしてきてしまったかと反省している。

STAP細胞の報道に接したときの衝撃

明峯　ぼくは今でもルイセンコの説に強く惹かれている。実際に遺伝子は実在しますから、それは否定しようはない。しかし、遺伝子理論はほぼ確立したかに見えるけれど、考えているほど遺伝子の存在は安定ではないということも分かってきている。最近、環境の変化によって遺伝子が変わっていくということも分かってきている。ぼく流に解釈すれば、ルイセンコの考えたふうに生物学は進んでいっているようでもある。

STAP細胞の報道に接したとき、ぼくは衝撃を受けた。ぼくは新発見というのにはほとんど衝撃を受けない質（たち）なんだけれど、あれには衝撃を受けた。動物の細胞を弱酸性というある意味で異常な環境にさらしていくと細胞がすっかり変わると言っているんですね。そうすると、遺伝子がすっかりチャラになって元に戻ってしまう。環境の変化によって細胞がガラリと変わるというわけです。

動物細胞は、受精などによっていったん発生学的に変化し始めるとその流れは後戻りしないとされてきた。ところが、環境の変化であんなにみごとにガラッと変化していくという。少なくとも動物の細胞では初めての実験結果だった。こういう現象は植物ではあるのだが……。これが本当だとすれば、すごい発見だと感じた。その後明らかになった研究の実態は惨憺たるもので、あきれるばかりですが、こういう現象はたぶんあるだろうとぼくは思います。

植物については、たとえばニンジンの根っこから、ある方法で細胞を一個取り出すと、その細胞が分裂してまたニンジンの体になることが知られている。

中島　そのことが比較的簡単に実験で再現できるようになったのが、明峯さんの学生時代でしたね。

明峯　そうです。ぼくは大学にいたときは、ジャガイモの塊茎で組織培養の研究をしていた。ジャガイモからある大きさの組織を切り出し、それをある条件で培養する。すると、その組織の細胞は分裂を始める。その新しい組織細胞は若返ってしまう。それをまたある別の条件を与えると、そこから根が出て、芽が出て、試験管の中でそれを育てていくと、ジャガイモの新しい個体になるんです。

そういう技術は1950年代ごろから植物では成功している。タバコとニンジンが最初です。現在ではこの技術は整備されていて、クローン植物は簡単に作ることができる。

だけど、動物ではそれができないとされてきた。たとえば、ぼくの皮膚の細胞を一個取ると、その中からぼくが生まれてくるという話なのだが、それはできないとされてきた。

中島　動物の場合には皮膚を培養すると皮膚の組織として成長はするんだけれど、そこから個体にはなっていかない。植物の場合は、細胞組織を培養すると、カオスのような細胞群カルスができて、そこから新しい個体としての命が生まれてくる。

明峯　ニンジンの根っこの細胞を培養すると、その根っこの性質を失って、元の受精卵みたいな胚の状態に戻って、もう一回分裂し直す。上手に条件を整えてやると、またニンジンの体になっていく。今では、おそらく1000種類くらいの植物でそういうことができている。ぼくが実験をやっていた1970年前後のころは、そうした研究の初期の段階でした。

獲得形質の遺伝

明峯　関連して、獲得形質の遺伝ということは少し解かりづらいと思うので説明します。

自家採取していると野菜の形質が変わっていったりすることは実感するでしょう。それは農場の環境に野菜が適応していくということで、その適応した野菜から種子を採ると、環境に適応した性質が次の世代も継承されていく。こういうことを獲得形質が遺伝したと言う。

現代の生物学では基本的に獲得形質の遺伝はないと言われているけれど、ぼくはあると思っている。その証明は難しいが……。

長い間栽培しているとだんだん作物の性質が変わっていくということは、誰もが実感している。それについて現在の生物学の説明付けは、一つ一つの個体、あるいは細胞が環境に適応して、一つ一つの個体や細胞として変わっていったのではないと言う。雑多な性質を持つ集団全体の中で環境に適応したものが選抜されていった結果として、集団として変わっていったように見えるのであって、個体の内容が変わったのではないというのが、今の生物学のオーソドックスな考え方なのです。

中島　種という集団の中にはバラエティがもともとたくさんあって、その中からある組み合わせのものが表現型として選び出されてきている。表現型が変化し新しく見えてきただけで、個体の中身が変わったのではないと説明するのですね。膨大な遺伝子情報が元にあって、しかし、遺伝子は単純なコピーの繰り返しで進んでいくということが実験で証明されている。この原理を軸に今の生き物の多様性を説明しようとすると、そういう説明しかできないだろう。確率論などの数学的方法を使って、きっとそういうことはあるだろうと説明するわけですね。

でも、それは遺伝子の絶対性を軸に説明するとすればそういうふうにしか説明できないだろうっていうことであって、それで十分な説明であるという証明ではないわけです。

従来の考え方では説明できないだろうという現象が出されても、それは確率論的にこういうふうに数学的に整理できるのだと計算をして、だからこれは原理の変更ではないんだという解釈が与えられる。それが今の遺伝学の一般的なあり方のようです。遺伝学はほとんど数学になってきており、それは確率論による説明となっている場合が多いようです。

もともとあった遺伝子のバラエティ(変異)の幅と、遺伝子が事故などで壊れていくことがあって、その組み合わせなどですべてを説明しようとするわけです。しかし、これは説明のための説明で、そうではないんじゃないですかっていう想いは依然として残っているということです。

農業は遺伝的なバラエティの多様さが基礎となっている。野生の植物から農作物ができるというのは、野生の植物の種のなかから、それとはかなり違った多彩な農作物という、いわば品種群がつくられていくことであり、その品種には限りなく幅がある。

たとえば、もともとは秋の作物だったダイコンが周年栽培できるほど幅が広がっていく。根の形も味も多様となっていく。元のダイコンの生理生態的な特質はどこにいってしまったのかというような世界の展開を、農学は追求してきたわけですね。系統的に遠いものの雑種なども取り組まれていく。だから、農業の一つの重要なフィールドには品種変異みたいなことがある。

だが、生物学では、品種などという概念はつまんない瑣末な概念だと思っていた。生物学は、基本的には「種(しゅ)」は「種」であるっていう考え方でいくから、両者は本当にはかみ合わないんでしょうね(校訂者注:近年、種の多様性への理解の深まりから、野生種の生態学でも、ローカル種の遺伝的な個有性に注目する視点をもった研究が少しずつ進展しつつある)。

農学のほうも、有効性のある品種がつくられればそれでよしとされ、そこにある原理についてあまり考えなくてもいいんだという傾向も否めない。実用主義に終わってしまっている面もある。

明峯　そうですね、全然理屈の深まりがないんですよ、育種学には。

中島　遺伝子の構造的組み合わせに注目したゲノム分析くらいのところまでの育種学は面白かったが、それ以降の遺伝子操作の段階になると、育種学から思想が消えてしまった。

明峯　育種学の世界もそういうことで、農学を構成する主要な個別の学問はほとんど個有の方法論や思想を失っていった。農学というまとまりはとうの昔に解体してしまっているし、ひとつひとつの分野の学についてもほぼ解体してしまってきたとぼくは見ている。

化学肥料と堆肥の併用

中島　ただ、そうした解体過程に入る前の農学、1950 年代くらいまでの農学には、相当な生命力があったように思います。農業との真剣な対話が、それなりにあった。しかしその後、その生命力を維持し、発展させることができず、日本農学は全体として解体の方向に進んでしまった。残念なことです。

1960 年代になると、戦後経済は工業復興から大展開に転じ、農業用にもさまざまな強力な資材が次々と供給されるようになり、農学はそれらの資材の利用学に堕していく。栽培における作物と環境のデリケートな適応関係などの細々したことは考えなくてもいいじゃないかという話になっていくんですね。その行き詰まりのころにぼくたちは大学に入り、農学の門を叩いたというわけです。

明峯　戦後は食糧増産と経済復興ということで、化学肥料をたくさん使うようになる。同時に、堆肥も入れないと地力は増進しないとも強調された。化学肥料もいいけど、いい堆肥をたくさんつくりましょう、そして増産に励もう、という一時期がある。まともな農学者はそのころ、みんなそう言っていた。

今から振り返れば、それは有機農業の主張に通じるものがあり、しかも有畜主義だ。家畜をちゃんと飼って自分の作付けのなかで飼料作物も栽培して、いい堆厩肥を田畑に入れてということを、戦後の 10 ～ 15

年間くらいは誰もが言っていた。

でも、そうこうするうちに除草剤、殺虫剤、殺菌剤が開発され、手作業で担われていた稲作にも機械が入り、農業用ビニールも導入され、化学肥料が安くなり、農業は工業資材消費産業に堕していく。1950年代ごろまで有畜複合が日本農業の基本だっていうことを言っていた技術者の多くが、あっという間に宗旨替えしていった。心の中では忸怩たる思いがあったとは思うけど。

中島　戦前期に始まる化学肥料の導入で、農業は大混乱していきます。化学肥料の効果は絶大で、入れれば確かに作物はよく育つ。しかし、育てば病気になる、育てば倒れる。農業現場では大混乱が起きる。たとえば、宮沢賢治はその時代の農業技術者でした。化学肥料導入の大混乱のなかで、彼は技術者としてどうしたらよいかと苦悩し、病に倒れ、若くして亡くなります。

農家の意思があるから、化学肥料を使うなと一概には言えない。だが、そこには危うさもあるから、使うとすればこうしたらどうかと助言する。あなたはどういう農業を考えたいのかと問うて、博打のような農業を考えないならば、化学肥料に頼らず、堆肥を使ってこういうふうに栽培したらどうだろうかというような指導、助言を、彼は昭和の初めくらいにします。

宮沢賢治のこうした感覚は、当時の農学においてはほぼ普通だったと思います。だから、農学は初めから化学肥料万能主義だったわけではなかった。化学肥料が潤沢にでてくるようになって、こうした発想が崩されていく。

一方、生物学についてみると、劇的に展開するようになるのは象徴的には遺伝子DNAの発見以降で、1960年代に入ると生化学が生物学を主導するようになる。それまでは、生物学には博物学的色彩が強く残されていた。

三浦　生物学を網羅的学問だとやゆすることも多かったです。今日のような「自然誌」という観念は、まだ整理されていませんでした。

中島　そんなころ、そうした博物学的な色彩がまだ強かった生物学に対して、農学は非常に颯爽としており、意欲があった。農学は食料増産と向き合って、技術学として大展開し、お隣の生物学に関してもたくさんの刺激的な業績を提供していく。

とくに北大ではその傾向が顕著で、明峯さんの報告にもあったように、理学部は農学部よりもずっと後に農学部が一つの母体となって設立される。理学部の教授のかなりの部分は農学部からの移籍組でカバーされるというのが最初の姿でした。だから、北大農学部の、とくに基礎学系の研究室はたいへん誇り高い存在だった思います。食料増産をリードした応用学の研究室はもちろん、それに倍して鼻息が荒かったと思いますが。

三浦　国策としての食糧生産の増産という具体的な課題があり、新技術の効果もあって毎年収量増という数値も示されていく。

中島　ただ、それらの応用学の人たちと明峯さんが加わった基礎学の人たちの本気での交わりは、あまり展開していなかった。もしこの交わりが進んでいれば面白かったと思いますが。明峯さんの大学闘争の一つの課題は、農業生物学はちゃんとした農業生物学として自己確立すべきだという点にあったのだろうと思います。

三浦　ぼくの植物病理学の分野での成果は、病害防除として具体的な数字が表れた。植物病理学は農業技術学だった。この分野はいわゆる理学系の生物学者がほとんど介入しない分野で、主として農学部が人材をつくっていった。

化学肥料については、20 世紀に入ったころに硫安利用を軸に体系の基礎ができていく。しかし、資材購入にはお金がかかった。当時の農家は基本的には自給的農業で、自家消費の比率が多かったから、肥料を買うのは家計と相談しながら。借金農家も多く、肥料の利用は借金の額と相談という状況もあった。なかには、借金の多い人ほど化学肥料を多く使うという状況が生じることもあった。借金を返さないといけないから、肥料を多投してでも増収しようと無理をする。そして、失敗して没落離農していくという、変な農業経済です。

戦中の混乱、戦後の食料難、食糧増産ということが絡んでくるから、1950 年代や 60 年代には純粋に農学的な問題だけではなくて政策というのが絡んでくる。そうこうしているうちに 1960 年代の終わりには米あまりが始まり、70 年からは減反政策が開始される。目まぐるしい社会環境の変化があった。

だから、農業研究者はそこでどういう責任をとるんだと問われても、スカッと答えにくい。そこには、そういう歴史的事情もあって、そのような農学の論理を支えてきたのが生産力至上主義だったと言うべきです。この「転換点1960年代」をテーマに農業技術を研究しようとよく話し合っていました。

明峯　1960年代以降、日本の農業技術は大きく変わっていく。しだいに化学肥料と農薬だけになっていく。でも、それは技術論的に考えればおかしなことで、堆肥を使って作物を育てたほうがいいに決まっている。そのことは、古手の技術者の多くは理解していたように思います。

1950年代の農学部では、堆肥はいいんだけど、化学肥料だって堆肥に負けないだけの機能があるのだということを一所懸命に研究していた。堆肥がいいってことはある面では認めていて、だけど化学肥料はもっと便利で、使いようによっては堆肥と遜色のない成果を出せるのだということを一所懸命に証明しようとしてきた。今から考えると不思議とも思えるけれど、基本的には堆肥のような有機物を入れて地力を増進していくのは農業の根幹だということを誰もが了解していた時代だったわけです。

そうこうしているうちに化学肥料が出回り、除草剤が出回り、機械が安く手に入るようになる。メーカーの作った生産資材を農民たちに売ることを、国を挙げて進めるようになり、伝統的な農業技術論的な議論が全部おしゃかになっていく。それが日本社会全体の繁栄につながるんだと言い聞かせていくわけです。そうした社会の流れに研究者や技術者はほとんど抵抗できなかった。それが1960年代で、抵抗できずにずるずると時がすぎてしまい、70年代になる。

そして、さまざまな農薬汚染の問題がでてきた。地力の低下の問題が起きたりする。そのなかで、社会の動きとしては有機農業の提唱もあった。けれど、化学肥料や農薬を前提とした主流の農業技術陣の内部からは結局、明確なアンチテーゼはでてこなかった。

中島　日本の伝統的な農業技術学の基本は、経験主義の整理にありました。明治のころに初めて農事試験場が設立されたが、そこでのおもな仕事は全国各地の優秀な農家の事例についての比較試験だった。安藤広太郎という方が大正から昭和にかけてのリーダーで、彼は良質の経験主義者だったと思います。現在の学問分類で言えば作物学者だった。

それに対して、工業が案出した新しい技術をそこに導入することを進めたのが主として農芸化学の方々で、肥料学も農薬学も農芸化学のなかに入っていた。それをまずは農学の病理学系の人が受けとめた。おおまかには農芸化学の関係者が工業技術の使える話を持ち込んでくるということだったと思う。作物学や園芸学などの農業技術学の側は、それを利用しながら経験主義を補足していくというふうになっていったのです。

農業技術学の基本は経験主義だったから、使えるものは両方いいじゃないかということで、だから堆肥も化学肥料もいいじゃないかということになる。

堆肥の否定と農業からの撤退

中島　1960年代の終わりから70年代のころ、堆肥を使うことが積極的に悪いんだっていう理論がつくりあげられていく。そのことを作物学者として一番声高に言ったのが松島省三(せいぞう)さんです。彼は埼玉県鴻巣(こうのす)市にあった農業技術研究所の研究者で、徹底的な現場主義の技術者だった。無教会派の敬虔なキリスト者でもあった。

彼は現場に則した多収穫稲作技術の確立に全力を尽くし、その視点から、大学の研究者を中途半端ではないかと厳しく批判しました。彼は大学の農学者たちの堆肥と化学肥料の併用折衷主義を退け、堆肥は現実には邪魔者で、水田で硝酸態窒素の施肥をすべしとまで提唱した。東大の土壌肥料学の教授だった熊沢喜久雄さんとの『農業および園芸』での論争(1979年)は、一つの区切りだったように記憶しています。

そこでの松島さんの論旨は、堆肥は結局分解して無機の肥料になる、それならば直接無機肥料を施用したほうが的確な施肥ができるではないかというものでした。堆肥が微生物の餌になって土壌の生物的循環系の形成と活性化に寄与するのだという視点ではなく、無機栄養の迂回的供給技術にすぎないのだから、それ自体には大きな意味はないと主張したのです。

このあたりから、栽培学の理論は水耕栽培の理論と大きくは違わなくなってしまっていった。それが1970年代なかばから80年代にかけての時期で、このあたりでそれまでの経験主義的な、そして農本的な栽培学は終わってしまうのですね。

三浦　1970年代に入ると、もう米余りになっていた。農家にしてみたら、こういう学者たちの議論なんか、とりあえずはどうでもよくなっていく。

明峯　その過程で、大学の農学部名や学科編成は生物資源学部、生物資源学科というふうに変更されていく。あれは農業から逃げ出したのだと思います。

若者たちが農業に関心がなくなっており、環境問題だとかバイテクだとか、そういうことに関心がある。そういう若者たちを旧農学部に引きつけ、何とか農学部の体制を守ろうとした動きではあったが、農学部も学科も研究室も基本的には農業から撤退しようとしていたというのが本当のところだと思いますね。

しかし、撤退しなければならない理由は全然なかった。解けていない課題はたくさんあって、魅力的な研究テーマもいくらでもある。こうしてぼくらが口角泡を飛ばして議論している諸問題、たとえばなぜ無投入でもイネがしっかり育つのかは、未解明なテーマとして残っている。これは全知全能を傾けなきゃ解けないような問題であって、こういうテーマこそいろんな農学者が議論に参加すべきだと思いますね。

中島　撤退の仕方の一番激しかったのは土壌からの撤退だったと思います。農作物からの撤退というよりも。栽培土壌についての本格的研究やそれを支える関心は、本当に少なくなってしまった。

明峯　あるのはみんな環境問題、環境研究ですね。

中島　土壌が消え、肥料学が残るけど、それは作物栄養学に変身し、大学で肥料学を研究している人なんてほとんどいなくなってしまった。

肥料なんてとりたてて研究するほどのこともない、それは瑣末なテクニックにすぎない。そんなことはメーカーが工夫したらいいんじゃないか、となっていく。作物栄養学は盛んになったが、まもなく栄養素栄養学的な研究も後退し、その後はほとんどホルモン学、生理活性物質学みたいな話になっていく。

明峯　彼らの発想の枠組みで解かることはだいたい解かってしまったということですね。パラダイムを変えれば、究明すべきことはたくさんあるのに、そういう見方で農業に則した研究はなくなっていく。イネの一生と肥料の関係はだいたい1960年代、70年代には解けましたから。だから、全然別の場で、たとえば途上国で農業技術普及に携わるとか。

中島　そうね、農学、農業技術学が生き延びる場所は途上国支援へと移行していく。途上国ではそういうレベルのことが技術的にも問われていたから。

三浦　1980年代にわれわれの友人

は、ほとんど在外研究で２年とか３年とか海外へ出かけていってますね。

明峯　みんな日本の課題からは逃げたんだ。「農学栄えて農業滅ぶ」とよく言ったが、実は農業はしぶとく生き残っていて、農学はとっくの昔に滅びの道にはまりこんでいた、というわけです。

新しい農学のパラダイム

中島　1950年代、60年代は、現場での栽培研究は相当に頑張っていたと思います。その一番いいところを取り出してまとめたのが「米作日本一」の表彰事業で、その取り組みの解析のなかから川田信一郎さん（東京大学教授）とか本谷耕一さん（秋田県立農業試験場場長）のように農家の取り組みの全体を総括しようとする人たちの仕事が出てきました。それはいまから振り返っても非常に素晴らしい農学だ。

川田さんは、技術にはいくつかの柱があり、そのバランスのなかで技術は進んでいくというような、技術のパターンを農家の側から発展的に整理しています。彼の『日本栽培作物論』は名著ですね。

それぞれの土地のなかで土と作物がどういうふうに新しい環境をつくっていくか、作物学と土壌学の融合みたいな世界がものすごく重要な世界としてありますね。日本一の多収穫地帯だった秋田県の横手地域を対象に、そういう地域の土の構造は農民たちの懸命な稲作の追求のなかで独特の構造となっている、これは自然的につくられている土ではなくて、そこを田んぼとして耕し続けることによって新しい構造の土がつくられたのだ、それが多収穫とつながっているのだということを本谷さんが解明した。

これらは本当に素晴らしい日本農学の成果だ。でも、それが解明された少し後には、日本のお米は過剰になって、政策は減反の時代となり、彼らもリタイアの年齢だったから、しっかりとは継承されずに埋没されてしまった。

そこで次に作物栽培学はテーマをどこに移したかというと、象徴的にみれば増産研究から光合成の農学への変身だった。光合成研究はそれはそれとして面白いが、でも農業との関係はなかなか見えてこない。農業としっかりと向き合わずに逃げてしまった。

とはいえ、1950年代、60年代の農学研究には、とっても面白いテーマがいくつもあったと思いますね。それをもう一度、今われわれが向き合っているような視点で総括できていれば、日本農学はずいぶん違ったものになっていただろう。秀明自然農法などの実践者がやってきたことは、農には確かにこういう世界があるということを示してくれていて、こういう問題意識で向き合えば、あの当時の農学の達成を踏まえて、日本農学は新しい発展がつくられるだろうという気はします。

明峯　ちょっとこの話をまとめてみると、ぼくや三浦君は40年も前に、農業の現場に出なければダメだとの思いで大学を飛び出した。そのとき思ったのは、可能性があるのは民間農法の展開ではないかということでした。

ぼくたちはまず、山岸式農業養鶏法と出会った。それは、生き物と環境との関係を農業として巧みに紡ぎ出すどんぴしゃりの取り組みだった。それから40年も経って、もうひとつの民間農法とぼくたちは出会った。秀明自然農法ですね。今度は無施肥をパラダイムの基本とする農法です。民間農法によって、ぼくはまた大きなヒントを得ることができた。

ぼくと中島さんと三浦君はここで戦後の農学の動きをいろいろに語ってきたけど、やっぱりパラダイムっていうかな、基本的な農業に対する考え方を変えていけば、新しい農学がものすごく待望されていることが見えてくる。

しかし、既成のアカデミズムはパラダイムの転換ができずにいる。チャンスはいくらでもあったにもかかわらず。減反のときもそうだったし、いくらでもチャンスはあった。それを全部逃してきているわけですね。

今必要なのは、たとえば秀明自然農法が提起した、施肥をしなくても作物はけっこう育つんだという、ぼくらにとってもまったく新しい考え方にのっとって、技術や農学をもう一度再編成してみること。今ぼくたちの前には、絶好のチャンスが開かれてきている。この機会を逃すわけにはいかない。ぼくらがまとめないと、誰もまとめられなくなる。

三浦　私の周囲で農業をやりたいとか有機農業をやりたいっていう人はけっこういるが、それを新しいパラダイムの技術だと思って継承しようとする人はほとんどいない。農的世界に入って楽しみを求める人たちはけっこういるようですが。

有機農業を農業として、仕事として、本格的に取り組もうとする人は多くはない。それは他に選びようのないような暮らしの方法なのだと本気で思っている人は、多くはない。そこはとても寂しいし、危ないことだと感じますね。

中島　人は時代の中で生きているという感覚が若い世代の人たちに伝わりきれていないのだろうなと、ぼくも感じますね。ぼくたちにとって「近代」という時代と向き合うことは切迫した課題でした。農業も農学も、そして有機農業も、その切迫した線上にあった。しかし、その感覚が若い世代にうまく伝わりきれていない。

三浦　いろいろな動機から、北大農学部の植物学教室に属することになった私は、宇井格生教授の土壌病害の生態学的な研究に惹かれた。先生の指導された三野紀夫さんの野幌（のっぽろ）（江別市）の森林を対象にした調査報告に関心を持ったのです。

北海道開拓後の圃場において、やがて激発する病害はどこから源を発したのか。土壌生息性病原菌リゾクトニア・ソラニ菌群（有性世代はタナテホルス属の担子菌類）を使って、フィールドでの系統のトレースを試みた。面白い結果も出たが、論文にすることもなく、結局、修士論文は事なかれな報告に終わってしまった。

この関心の背景には、農学部に入る前から受けていたレイチェル・カーソンの『サイレントスプリング（沈黙の春）』の影響があり、学部の卒論ではそのことにふれました。

修士の途中、IRRI（国際イネ研究所）で在外研究の1年を過ごしました。土壌微生物の部門で、糸状菌が扱えることが私にとっての魅力だった。わずか13カ月の滞在だが、多くの錚々たる研究者たちと会い、貴重な話をうかがう機会がたくさんあった。このとき自分の研究の方法論のなさに自信喪失を経験したと同時に、周囲の研究者から真似たいと思うようなスタイルを感じることは意外にもなかった。結局、この1年の体験によって、さらに「自分探し」を迫られました。

北大農学部の植物学教室で明峯さんたちと交流するなかでたどりついた「反近代」という切り口は、明快でした。とはいえ、過去を批判的に乗り越えて、未来を開く「反近代」を構築するにはどうすればよいのか。五里霧中の毎日が今日まで続いています。

宇都宮の河内養鶏場での山岸式農業養鶏法から始まり、八郷農場での緑餌多給飼育に発展する、自分たちの農業技術の蓄積のなかで、土壌への理解、植物や動物を見る目、風や雨や日差しを理解する感覚を、たくさんの失敗を経験しながら蓄積してきました。大阪に帰って、山の中の村で、能率的とはいえない境遇での営農は、逆説的に豊富な学習の場でもありました。

自分が今立っている位置が、「農学」の軸になりうる地点にいるのかどうか、自信はなかったが、「反近代」へのあゆみの一つの道を踏み分けてきたのは間違いない。「農業」を、「そもそも」から議論する共通の場を有機農業技術会議の原論研究会などで持てたこと、今回秀明自然農法についての調査研究プロジェクトに参加できたこと、私の狭い体験に加えて、知り会えた農業者たちに実践体験を豊富に提供していただけること、真実を多面的に見る視点と視野と洞察性に気づかされたこと……。それらは私の学的基盤となってくれています。

「もし、あのまま研究室生活を続けていたら」という思いが浮かぶとき、人は同時に２つの人生を送ることはできない、という厳然とした事実に改めて気づかされます。であれば、選び取った一つの人生の果実を熟させ、その中の種子を播き、苗を育てるところまで、許されたあと少しの時間を過ごしたいと思っています。

社会的には守られた立場を持たず、決して系統的に「研究」することはできず、その日一日を暮らすことで精いっぱいな日々でした。若い友人には、「出世魚ですか？」と皮肉を言われるくらい職を転々とし、名刺が変わっていく面もありました。それらの労働のなかで、アカデミックな価値はあまりありませんが、研究を志した人間ならではの思考過程を活かしながら現場で働けている私の今の境遇をうれしく思っています。

農民に学ぶ

中島　明峯さんや三浦さんは、生物学や植物学の視点から農業をしっかり見つめながら生きてきた。農業生物学研究室というあり方は明峯さんのアイデンティティそのものだったことがよく判かります。

ぼくの場合はそれとは少し違っていて、作物や田畑を問う前に農家、農民、そして彼ら彼女らが営む現実の農業という存在があった。ぼくの農学の基本には農家、農民の幸福がある。だから、ぼくの場合には初めから農家、農民そして現実の農業に学ぶことが方法論だった。農民のほうが主体であって、農民の役に立つ農学にならなきゃいけない。だから、農民のためにっていうことになるし、農民の幸せを求めてということになっていく。それがぼくが継承しようとしてきた「総合農学」というあり方でした。

ぼくは1965年に東京教育大学農学部に入学しますが、総合農学科はその前年に解体していた。しかし、恩師の菱沼達也先生が「総合農学」「農民の幸福のための農学」「農民に学ぶ農学」の旗を掲げ続けておられたので、ぼくはその門を叩いた。そのころはまだ、明峯さんが先ほど評価されたような良質な農学はぼくの大学ではそれなりに残っていました。幸いなことに、優れた先生方もたくさんおられた。でも、「農民の幸福のための農学」をはっきり支持してくれる先生方はすでに少数派でした。

菱沼先生の下で助手を務めておられた恩師の森川辰夫先生が、1970年に農林省の研究所に転勤するときに、助手から講師に昇格させる人事があった。ところが、その人事は教授会で否決されてしまう。異例のことでした。その理由は、森川先生が研究成果を「農民の幸福のための研究」として総括されていたからでした。

ぼくの大学では、北大で明峯さんらが提唱されたような農業生物学、また経験主義のそして現場主義の農学はまだかなり健全で、否定されていなかった。けれども、農民と共に生きる農学というあり方はそれ以前に否定されていた。総合農学科を廃止し、代わりに生物化学工学科が新設されていたのです。

ぼくはそんななかで「総合農学」の旗を継いで、大学の中でただ一人この道を生きてきた。新設された筑波大学では学生と接触することを差し止められるような扱いのなかで生き、総合農学についてぼくなりの総括をし、戦中・戦後に展開した民間農法の掘り起こしや地域農業展開の立地論的研究など、ささやかだがそれなりの仕事を終えて、農民教育の鯉淵学園に移った。ぼくの助手時代は21年間続きました。

その後、茨城大学に移り、そこも定年退職して現在に至っています。農学研究、農業技術論研究についても、農民に学ぶという方法論のもとで少しの成果もあげてこられたように思います。

そして今、共に歩んできた農民、今から思えばそのほとんどが先輩の農民たちでしたが、その農民という存在が農政の激変と加齢、さらに継承者の極端な減少というなかで、社会的に消えてしまいそうになっている。今の農業改革の本質、歴史的本質は、農民の社会的消去にあると感じている。このままでいくと、農家が支える農学、農業はその対象、その主体を失って、これで終わってしまうのかなという深刻な危機感を感じています。

そんなふうに一人で歩んできたぼくが、ほんの少し前に明峯さんや三浦さんと出会った。実は、ぼくは偶然に書店で明峯さんの『やぼ耕作団』(風濤社、1985年)を見つけて読んでいます。出版まもなくのことだった。その内容は本当に驚きだった。これほどぼくと同じような農学を求めている人がいるとは。

でも、そのときはそれきりで、明峯さんと直接お会いすることもなかった。それがほんの少し前にお二人と出会って、一緒に有機農業技術会議の仕事をすることになる。そして、さらに一緒に秀明自然農法の皆さんと出会うことができた。ありがたい、考えられないような奇跡の出会いだったと思っています。

ぼくたちのまわりを見渡せば、秀明のプロジェクトに参加していただいている小松崎将一さん(茨城大学)、成澤才一さん(茨城大学)、嶺田拓也さん(農村工学研究所)、生態学的土壌生物学の金子信博さん(横浜国立大学)、土壌微生物学の池田成志さん(農研機構北海道農業研究センター)、福島農業再興に尽力されている野中昌法さん(新潟大学)など、真面目で優秀な気鋭の研究者の方々の協力も得られるようになっています。

情勢ははなはだ良くはありませんが、そしてだいぶ遅くなってはしまいましたが、大きな希望があると感じています。

明峯　秀明自然農法は信仰もあり組織もあるので大丈夫でしょうが、日本農学のほうはこのまま放っておけば確実に絶えていきます。最後のチャンスに、ぼくたちはようやくこうやって巡り会えたのだと思っています。

有機農業技術会議 有機農業技術原論研究会　開催一覧

（2014 年 10 月時点）

第 1 回研究会（福島・南会津）　2011 年 2 月 6 日

「低投入・内部循環・自然共生の有機農業技術論」を検討する　明峯哲夫

作物栽培の視点　三浦和彦

有機農業技術原論について　長谷川浩

最近の研究動向について　中島紀一

第 2 回研究会（東京）　2011 年 4 月 24 日

有機農業における耕うんの意義を考える　小松崎将一（茨城大学）

植物の生育も微生物によって支えられている！　成澤才彦（茨城大学）

有畜複合農業による畜産の農業への回帰　本田廣一

農村の生物多様性　嶺田拓也（農村工学研究所）

第 3 回研究会（東京）　2011 年 6 月 19 日

植物共生科学の新展開と肥培管理の再考　池田成志（北海道農業研究センター）

コメント　三浦和彦

第 4 回研究会（合宿　茨城・常陸太田市里美）　2011 年 8 月 10 〜 11 日

草と共生する農法—いくつかの事例とその総括—　嶺田拓也（農村工学研究所）

作物の側から考える低投入・内部循環　明峯哲夫

原発時代の終焉と有機農業の役割　問題提起　本田廣一・三浦和彦

現地からの報告　柴山進（アグリ八郷）

農場視察　木の里農園：布施大樹

第 5 回研究会（茨城）　2011 年 10 月 15 日

有機農業における品種と育種をめぐって　生井兵治（元筑波大学）

第 6 回研究会（東京）　2011 年 12 月 15 日

藤井平司の農学論をめぐって『栽培学批判序説』を読む　本田廣一

第 7 回研究会（東京）　2012 年 2 月 17 日

新しい農業技術の原形—島根山村の自給的農業の姿—　相川陽一（一橋大学）

第8回研究会（東京）2012年4月14日

「未病」について　三浦和彦

第9回研究会（合宿　群馬・藤岡市）　2012年9月16―17日

農場視察および研究会　浦部修（浦部古代米農園）

第10回研究会（東京）　2012年11月11日

内なる生態系を生かした農法論　日鷹一雅（愛媛大学）

特別研究会（第11回）（東京）　2012年12月23日

有機農業と原発・放射能に関する論点整理

第12回研究会（東京）　2013年3月20日

秀明自然農法調査の計画と論点

特別研究会（第13回）（東京）　2013年6月23日

有畜複合農業の意義と可能性　本田廣一

第14回研究会（茨城）　2013年9月15日「『施肥』と『無施肥』の技術的意味をめぐって」

施肥の効果についての長期観測試験結果から　小松崎将一（茨城大学）

戦後直後の頃の農業情勢と肥料事情　佐古康徳

第15回研究会（茨城）　2014年3月12日「『施肥』と『無施肥』のターミノロジー」

農業生物学の視点から　明峯哲夫

地力論を振り返る　中島紀一

特別研究会（第16回）（東京）　2014年6月7日

農業生物学を志して　明峯哲夫

第17回研究会（茨城）　2014年7月15日

私の農業生物学：土壌病害、地力、有機物利用をめぐって　三浦和彦

現地視察「無肥料・敷草研究プロジェクト」の圃場　小松崎将一（茨城大学）

※有機農業技術会議会員以外の方のみ所属を記載。なお、所属は報告当時のものとした。

◆秀明自然農法とは

秀明自然農法は宗教哲学者である岡田茂吉 (1882〜1955) が提唱した自然栽培法で、化学肥料や厩肥などの施肥をせず、落葉や枯れ草を原材料とした自然堆肥の使用によって、土や作物が本来持っている力を十分に発揮させる農法です。

この農法の理念は「自然順応、自然尊重」であり、清浄な土、自家採種した種子、連作、生産者の作物への愛情と大地への感謝をその大きな特徴とし、自然の恵みを享受する人間の本来あるべき生き方を目指すものです。

神慈秀明会(教祖：岡田茂吉)の会主である故・小山美秀子は 1992 年、信者に対して自然農法の実施を呼びかけ、それを受けて農家だけでなく多くの非農家の信者が自然農法に取り組みました。やがて、その規模は拡大し、生産者の農産物は消費者の食生活を支え、消費者は生産者をサポートする提携活動として全国規模で発展。2012 年には日本全国で、主要な生産者約 550 世帯と消費者約 1 万 5000 世帯の規模に至っています。

2003 年 5 月 1 日、滋賀県甲賀市を本拠地として設立された NPO 法人秀明自然農法ネットワーク(現理事長＝手戸伸一)は、岡田茂吉の理念を受け継ぎ、秀明自然農法として国内外で活動・普及にあたっています。

◆秀明自然農法調査研究委員会 名簿

委員長	中島　紀一	茨城大学名誉教授、有機農業技術会議 事務局長
関東班班長	明峯　哲夫	有機農業技術会議 代表
関西班班長	三浦　和彦	有機農業技術会議 副代表
関東班	小松崎将一	茨城大学農学部教授
関東班	涌井　義郎	あしたを拓く有機農業塾 代表理事
関西班	小池　恒男	滋賀県立大学名誉教授
関西班	奥田　信夫	元愛農学園高等学校校長
委員	嶺田　拓也	農村工学研究所
委員	五島　幸宏	SNN 理事
委員	佐古　康徳	SNN 理事
委員	小豆畑　守	SNN 生産者

◆調査研究委員会事務局

関東班担当	篠原　健見	SNN 事務局
関東班担当	田中　裕之	SNN 生産者
関西班担当	酒井　賢治	SNN 事務局
関西班担当	亀之園正弘	SNN 事務局
全体調整	佐古　康徳	SNN 理事
全体調整	土合　将元	SNN 生産者
全体調整	飯塚里恵子	有機農業技術会議事務局

＊ SNN は、秀明自然農法ネットワークの略称である。

◆調査対象農家

関東	中村農園	埼玉県桶川市
関東	吉野　修	千葉県香取市
関東	山本　文則	茨城県稲敷郡河内町
関東	小豆畑　守	福島県石川郡石川町
関西	橋本　進	和歌山県橋本市
関西	木戸　将之	奈良県桜井市
関西	國吉　賢吾	奈良県奈良市
関西	小林　一雅	兵庫県姫路市
関西	畑　匡昭	兵庫県三木市

〈著者紹介〉

明峯哲夫（あけみね・てつお）

1946年、埼玉県生まれ。北海道大学農学部卒業、同大学院農学研究科博士課程中途退学。専攻は農業生物学（植物生理学）。

1970年代初頭から「たまごの会」「やぼ耕作団」など都市住民による自給農場運動に参加しながら、人間と自然、人間と生物との関係、農の本源性、暮らしのあり方などについて論究を重ねてきた。また、農業生物学研究室を主宰し、NPO法人有機農業技術会議の代表理事を務めるなど、多くの仲間と共に有機農業技術の理論化・体系化の作業に取り組んだ。2014年9月15日逝去。

主著＝『やぼ耕作団』（風濤社、1985年）、『ぼく達は、なぜ街で耕すか』（風濤社、1990年）、『都市の再生と農の力』（学陽書房、1992年）、『街人たちの楽農宣言』（共編著、コモンズ、1996年）、『有機農業の技術と考え方』（共著、コモンズ、2010年）、『原発事故と農の復興』（共著、コモンズ、2013年）など。

有機農業・自然農法の技術

二〇一五年二月五日　初版発行

著　者　明峯哲夫

企画・編集協力　有機農業技術会議

発行者　大江正章

発行所　コモンズ

東京都新宿区下落合一―五―一〇―一〇〇二

TEL〇三（五三八六）六九七二

FAX〇三（五三八六）六九四五

振替　〇〇一一〇―五―四〇〇一二〇

info@commonsonline.co.jp

http://www.commonsonline.co.jp/

印刷・東京創文社／製本・東京美術紙工

ISBN 978-4-86187-121-4 C3061